冷弯薄壁型钢约束钢板剪力墙结构

王宇航　谭继可　周绪红　石　宇　著

中国建筑工业出版社

图书在版编目（CIP）数据

冷弯薄壁型钢约束钢板剪力墙结构/王宇航等著
. —北京：中国建筑工业出版社，2022.12
ISBN 978-7-112-27922-7

Ⅰ. ①冷… Ⅱ. ①王… Ⅲ. ①轻型钢结构-剪力墙结构 Ⅳ. ①TU398

中国版本图书馆 CIP 数据核字（2022）第 168541 号

本书通过试验、有限元模拟以及理论相结合的方法，研究和分析冷弯薄壁型钢约束钢板剪力墙结构的受力性能和设计方法。全书共 6 章包括：绪论；冷弯薄壁型钢约束钢板纯剪性能试验；冷弯薄壁型钢约束钢板纯剪设计方法；方钢管混凝土框架-冷弯薄壁型钢约束钢板剪力墙结构拟静力试验；方钢管混凝土框架-冷弯薄壁型钢约束钢板剪力墙结构设计方法；工程应用及案例。可供钢结构及钢-混凝土组合结构领域的科研人员、工程技术人员、大专院校的教师、研究生和高年级本科生参考使用。

责任编辑：张伯熙
文字编辑：沈文帅
责任校对：李辰馨

冷弯薄壁型钢约束钢板剪力墙结构

王宇航　谭继可　周绪红　石　宇　著

*

中国建筑工业出版社出版、发行（北京海淀三里河路 9 号）
各地新华书店、建筑书店经销
北京龙达新润科技有限公司制版
天津翔远印刷有限公司印刷

*

开本：787 毫米×960 毫米　1/16　印张：13¾　字数：275 千字
2023 年 6 月第一版　　2023 年 6 月第一次印刷
定价：**70.00** 元
ISBN 978-7-112-27922-7
（39789）

作者简介

　　王宇航，重庆人，工学博士，重庆大学土木工程学院副院长、教授，国家级高层次青年人才，中国钢结构协会风电结构分会秘书长，重庆市青年专家工作室首席专家，《建筑科学与工程学报》编委，霍英东青年教师基金获得者。主要从事钢结构、钢-混凝土组合结构/混合结构、风电工程结构研究工作。主持国家及省部级科研项目、工程技术项目40余项，发表学术论文170余篇，授权发明专利14项。获国家科学技术进步奖一等奖（排名第14）、中国科技产业化促进会科技创新奖一等奖（排名第1）、重庆市科技进步奖一等奖（排名第1）。

  谭继可，河南永城人，工学博士，重庆交通大学讲师，主要从事钢-混凝土组合结构、风电支撑结构等方面的研究。主持中央高校科研创新项目、中国博士后科学基金面上项目等课题。发表 SCI/EI 期刊论文 20 余篇，授权专利 10 余项，参编国家标准 2 部。*Engineering Structures*、*Thin-walled Structures*、*Materials & Design* 等 SCI 期刊审稿人。获重庆市科技进步奖一等奖、重庆市科技进步奖二等奖、中国科技产业化促进会科技创新奖一等奖和重庆市优秀博士学位论文等荣誉奖励。

周绪红，湖南南县人，工学博士，重庆大学教授，著名结构工程专家，中国工程院院士，日本工程院外籍院士，英国皇家结构工程师学会 Fellow，英国皇家特许结构工程师。长期从事钢结构、钢-混凝土混合结构、智能建造等方向的教学与科研工作。先后担任湖南大学副校长、长安大学校长、兰州大学校长、重庆大学校长。

石宇，湖北宣恩人，工学博士，重庆大学教授，重庆大学钢结构工程研究中心副主任，中国建筑金属结构协会教育分会副会长。长期从事钢结构领域的教学与科研工作，在装配式冷弯薄壁型钢结构体系研究领域取得了创新性成果。获中国钢结构协会科学技术奖特等奖、陕西省科学技术奖一等奖和重庆市教学成果奖一等奖。近5年来发表学术论文60余篇，参与编制国家及行业标准6部，授权专利30余项。

序

钢结构住宅因安全性好、装配化程度高和循环利用率高等特征，符合国家关于绿色建筑和装配式建筑的发展要求。多高层住宅是我国住宅的主要形式，建筑围护墙体的开裂、漏水和保温隔声等使用功能方面的问题是制约多高层钢结构住宅发展的瓶颈因素。

作者结合建筑墙体的保温、隔声、防渗、装饰等建筑功能需求，基于钢板剪力墙抗侧力结构和冷弯薄壁复合墙体，提出了一种适用于多高层钢结构住宅的冷弯薄壁型钢约束钢板剪力墙结构，并开展了受力性能试验研究和数值模拟，揭示了冷弯薄壁型钢对钢板的屈曲约束机理，建立了结构等效简化分析模型，提出了结构体系设计方法，以实际工程为背景介绍了该结构的施工流程和构造要求。该结构集建筑与结构功能于一体，具有自重轻、抗震性能优越、建造效率高、使用功能好等优点，推广应用前景广阔。

《冷弯薄壁型钢约束钢板剪力墙结构》是作者基于系列的深入研究和工程实践的总结，是一本将理论研究与工程应用紧密结合的著作，内容丰富、特色鲜明，有助于解决我国多高层钢结构住宅发展中的难题。该书的出版将为促进我国建筑工业化技术的进步作出重要贡献，对落实国家关于大力发展绿色建筑和装配式建筑的相关政策具有重要意义。

是以为序。

清华大学土木工程系教授（中国工程院院士）

2023 年 3 月 29 日于清华园

前　言

　　钢板剪力墙结构是近些年发展起来的以内嵌钢板和边缘梁柱构件为基本结构单元的新型抗侧力体系。与传统的钢筋混凝土剪力墙相比，钢板剪力墙具有抗侧刚度大、承载力高、抗震性能好、传力路径简单等特点，是适合多、高层建筑结构的一种安全可靠的抗侧力体系。为满足我国日益增速的城镇化进程，同时保证结构抗侧力需求及绿色施工等条件，发展钢板剪力墙已成为目前高层建筑结构的重点，推动装配式高层钢结构体系在建筑工程中的应用，对落实国家关于推广绿色建筑、发展建筑工业化、化解钢铁产能严重过剩的相关政策具有重要意义，发展钢板剪力墙结构符合我国目前正在大力推广装配式绿色建筑的市场导向。

　　冷弯薄壁型钢约束钢板剪力墙是一种集建筑与结构功能于一体的新型钢板剪力墙结构体系，它由内嵌钢板、冷弯薄壁型钢、保温隔声材料、定向刨花板（OSB 板）组成。该剪力墙结构体系是一种利用冷弯薄壁型钢截面抑制钢板剪力墙的屈曲变形的新型抗侧力体系，且具有自重轻、抗震性能好、装配式施工等优点。方形钢管混凝土柱具有承载力高、梁柱节点结构简单和抗震性能好等优点，在高层建筑结构中的应用非常广泛。将方钢管混凝土柱作为冷弯薄壁型钢约束钢板剪力墙的竖向边缘构件，可满足冷弯薄壁型钢约束钢板剪力墙对边缘框架刚度的需求，能充分发挥内置冷弯薄壁型钢约束钢板剪力墙的强度。然而，针对方钢管混凝土框架-冷弯薄壁型钢约束钢板剪力墙结构的力学性能以及冷弯薄壁型钢约束钢板剪力墙与方钢管混凝土框架的协同受力、结构的破坏机理、承载和抗震性能等方面的研究在国内外尚未见相关报道。本书主要介绍方钢管混凝土框架-冷弯薄壁型钢约束钢板剪力墙结构性能、设计方法及等代模型方面开展的研究工作和取得的研究成果。

　　本书第一作者自 2017 年开始展开冷弯薄壁型钢约束钢板剪力墙方面的研究工作，主要针对剥离框架影响的冷弯薄壁型钢约束钢板剪力墙的往复剪切性能、受力机理和设计方法，以及方钢管混凝土框架-冷弯薄壁型钢约束钢板剪力墙结构的抗震性能、受力机理和破坏机制方面的研究。本书主要介绍第一作者及研究团队近几年在冷弯薄壁型钢约束钢板剪力墙方面的研究成果。

　　全书共 6 章，主要内容包括：绪论；冷弯薄壁型钢约束钢板纯剪性能试验；冷弯薄壁型钢约束钢板纯剪设计方法；方钢管混凝土框架-冷弯薄壁型钢约束钢板剪力墙结构拟静力试验；方钢管混凝土框架-冷弯薄壁型钢约束钢板剪力墙结构设计方法；工程应用及案例。书中物理量单位统一使用国际单位。本书可供钢结构及钢-混凝土组合结构领域的科研人员、工程技术人员、大专院校的教师、研究生和高年级本科生参考使用。

在即将出版之际，向古朝伟、王康、杨均德等研究生表示感谢，他们参与了钢板剪力墙课题的研究工作，对本书所论述的内容作出了重要贡献。特别要感谢山东高速莱钢绿建发展有限公司的张海宾、郭军、王洋等人和中冶赛迪工程技术股份有限公司的罗福盛、李宏图、邓玉孙、沈继刚、沈琪雯、方建忠、唐建设、陶修等人为本书研究成果的工程应用提供项目支持。本书的出版还得到了重庆市技术创新与应用示范（社会民生类重点研发）项目（cstc2018jscx-mszdX0099）、山东高速莱钢绿建发展有限公司技术开发（合作）项目和中国地震局地震工程与工程振动重点实验室开放研究专项（2018D13）等的资助，笔者谨向本书研究工作提供帮助的单位和专家表示衷心的感谢。

作为一种新型钢板剪力墙形式，冷弯薄壁型钢约束钢板剪力墙符合大力推广装配式绿色建筑的市场趋势，为更好地推广冷弯薄壁型钢约束钢板剪力墙结构在多、高层建筑中的应用，针对冷弯薄壁型钢约束钢板剪力墙的相关研究工作还需要继续，其设计理论和设计方法还需要进一步完善，笔者期待本书能对从事钢结构及钢-混凝土组合结构领域的同仁提供一定的参考。

限于作者的水平，书中欠妥之处在所难免，恳请读者批评指正。

目　录

1

绪论

1.1 钢板剪力墙的提出

1.1.1 钢板剪力墙的概念

随着我国经济水平的高速增长，已建成的高层、超高层建筑也越来越多。在水平荷载作用下（如风荷载、水平地震作用），高层建筑结构的最大弯矩发生在结构物底部，并与结构高度的三次方成正比；而最大位移出现在结构物顶部，与结构高度的四次方成正比，可以看出，水平荷载是高层建筑结构设计中的主要控制荷载。因此，为保证高层建筑的安全性能和使用性能，高层建筑结构抗侧力体系的选择十分重要。

剪力墙结构是高层建筑中普遍采用的抗侧力结构体系，沿墙肢方向截面抗侧刚度大，能够有效限制结构的侧向位移量，满足小震下正常使用的要求；大震下又具备较大的极限承载能力，满足结构功能的安全性。传统钢筋混凝土形式的剪力墙结构虽然具有很高的刚度和水平承载力，但在较大的侧向位移下易于开裂损伤，结构延性较差，往复荷载作用下滞回曲线捏缩，耗能能力也有待改善。在建造方式上，主流的钢筋混凝土剪力墙结构施工工序繁复，模板搭设措施费用较高，现场湿作业对环境的污染较大，难以满足绿色建筑的环保要求。

钢板剪力墙结构是 20 世纪 70 年代发展起来的一种新型的高效抗侧力结构体系。钢板剪力墙结构单元如图 1.1-1 所示，其主要结构单元由内嵌钢板剪力墙、竖向边缘构件（柱）和水平边缘构件（梁）构成，内嵌钢板与边缘构件之间通过鱼尾板连接。当内嵌钢板沿结构某跨竖向连续布置时，钢板剪力墙的整体受力特性类似于底端固接的竖向悬臂板梁：竖向边缘构件相当于梁的上下翼缘，内嵌钢板相当于受剪腹板，水平边缘构件则近似等效为腹板上的横向加劲肋。钢板剪力墙结构的优势主要包括：（1）材料强度高、延性好，结构初始抗侧刚度大，承载

1

能力强，滞回性能稳定，具有优越的抗震性能，可以确保结构的安全性；（2）结构构造简单，受力体系明确，钢板和边缘框架自然形成两道抗侧防线，适合高烈度地区抗震；（3）墙体厚度小，可以增加建筑实际使用面积，有效降低结构自重，减小地震响应，压缩基础造价费用；（4）天然的装配式建造，效率高，适合工业化生产，相比混凝土结构施工工期短，对城市环境影响小，资金利用效率高，综合经济效益显著；（5）易于修复和拆除，不仅可以在新建建筑中使用，还能用于已有建筑的加固改造，废弃回收利用率高。钢板剪力墙结构优势明显，十分适合我国建设国情，推广应用前景广阔，具备较高的研究价值。

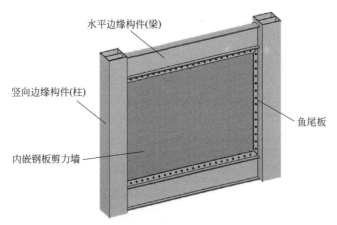

图 1.1-1　钢板剪力墙结构单元

1.1.2　钢板剪力墙的应用

钢板剪力墙最早的工程应用项目是日本东京 1970 年建成的日本钢铁大厦（图 1.1-2）和新宿证券大厦（图 1.1-3），均采用了加劲钢板剪力墙，并成功经

图 1.1-2　日本钢铁大厦

图 1.1-3　新宿证券大厦

受了 1995 年的日本阪神地震考验。随后加拿大、美国等国家也开始广泛应用，代表项目有使用非加劲薄钢板剪力墙的加拿大魁北克省 Canam Manac 总部大厦扩建工程（图 1.1-4）和美国西雅图联邦法院（图 1.1-5）等。

图 1.1-4　Canam Manac 总部大厦扩建工程　　　　图 1.1-5　美国西雅图联邦法院

　　国内首次使用钢板剪力墙作为抗侧力构件的建筑是 1987 年建成的上海新锦江饭店（图 1.1-6），以钢板弹性剪切屈曲作为设计准则，底部钢板厚度高达 100mm。2010 年建成的 337m 的天津津塔（图 1.1-7）是世界上最高钢板剪力墙结构建筑。椭圆形的平面结构布置中，长向设置 1 道，短向设置 7 道加劲钢板剪力墙作为结构的主要抗侧力构件。国内已建的工程项目还有天津国际金融会议酒店、昆明世纪广场（图 1.1-8）等，总体来说建设数量有限，推广应用空间广阔。

图 1.1-6　上海新锦江饭店　　　图 1.1-7　天津津塔　　　图 1.1-8　昆明世纪广场

　　伴随着经济水平的高速增长，我国城镇化进程全面加快。城镇化进程中，城市建设面积的加大，消耗了大量的建设用地资源，使得城市可利用土地逐步减少。高层建筑由于具备土地节约的特性，被大量推广开来，其建设数量和高度不断增长，建成后也成为各大城市的新地标，见图 1.1-9。

图 1.1-9　高层建筑地标

1.2　钢板剪力墙的分类

1. 非加劲钢板剪力墙

根据非加劲钢板剪力墙的设计几何尺寸，其高厚比 λ 不同，钢板剪力墙发生剪切屈服与屈曲顺序不同。厚钢板（$\lambda \leqslant 100$）先发生剪切屈服；中厚钢板（$100 < \lambda \leqslant 150$）剪切屈曲发生在弹塑性阶段；薄钢板（$\lambda > 150$）弹性剪切屈曲发生先于剪切屈服。

厚钢板剪力墙最早出现在美国的工程应用中，其剪切屈曲荷载较高，初始抗侧刚度大，承载能力稳定，滞回性能优良，但是不足之处在于其厚度较大，钢材的耗用量巨大，造价较高，同时其抗侧刚度也不便于调整，边缘框架会先于墙板破坏，不符合合理的破坏顺序，其应用发展受到限制。

薄钢板剪力墙是在薄腹梁理论研究基础上演变和发展起来的，薄钢板剪力墙在水平荷载作用下表现出相当大的屈曲后强度和延性，这种屈曲后强度源于拉力场作用机制，可以为屈曲后的钢板剪力墙提供稳定的承载力和抗侧刚度。薄钢板剪力墙耗钢量少，承载力高，近年来针对薄钢板剪力墙已经进行了大量理论和试验方面的研究。研究结果表明，虽然薄钢板剪力墙在屈服后仍具有一定的稳定承载力和刚度，但过大的面外屈曲变形使其力学性能存在一些缺陷，如：水平循环荷载作用下钢板发生面外屈曲变形引起钢板滞回环捏缩现象、受力过程中产生的噪声和振动影响建筑的使用性能、拉力场的出现会带给竖向边缘构件附加弯矩

4

等。因此，为改善上述钢板剪力墙性能的不足，需要采用相应的构造措施来约束钢板的面外屈曲变形，例如焊接加劲肋、钢板两侧布置混凝土盖板、钢板两侧布置密肋网格等。

2. 加劲钢板剪力墙

20 世纪 70 年代，日本开始在薄钢板上设置加劲肋来抑制面外屈曲变形。加劲肋对于钢板起到边缘约束的作用，将整块钢板划分成众多区格，每个区格的高厚比就类似于厚板，从而可以提升其屈曲荷载。加劲肋设置方式有多种，常见的有横向加劲、纵向加劲、"十字"或"井字"加劲、对角斜向交叉加劲等，可以单面设置，也可以双面设置，加劲钢板剪力墙见图 1.2-1。加劲肋的形式也有很多，常见的有单钢板、开口或闭口截面形式的热轧型钢或冷弯薄壁型钢等加劲构

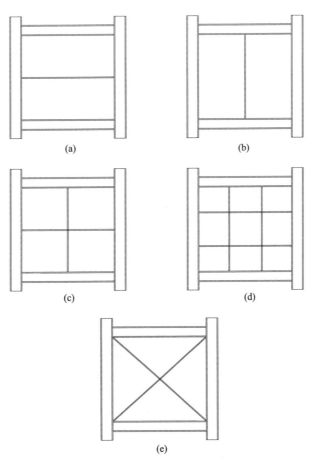

图 1.2-1　加劲钢板剪力墙
(a) 横向加劲；(b) 纵向加劲；(c) "十字"加劲；
(d) "井字"加劲；(e) 对角斜向交叉加劲

件。加劲肋与钢板的连接形式亦可分为焊接和螺栓连接两种形式。

3. 开洞带缝钢板剪力墙

由于建筑对门窗洞口的设计要求，往往需要在钢板剪力墙上设置洞口，如图 1.2-2(a)～图 1.2-2(c) 所示。开洞钢板剪力墙的类型多样，洞口形状、大小、位置都千差万别。钢板剪力墙上洞口的设置，切断了传统钢板剪力墙的斜向拉力带，对钢板剪力墙的强度和刚度均有一定削弱。此外，由于薄钢板剪力墙面外屈曲变形过大、拉力带对边柱产生附加弯矩等一系列问题，有学者提出采用钢板两边开缝或中间开缝等形式切断钢板剪力墙拉力场的传递路径，削弱钢板剪力墙的抗侧作用，如图 1.2-2(d) 所示。钢板开缝使得钢板整体受力转变为一系列的"钢板条"受力，减小了钢板的面外屈曲变形程度，具有良好的延性和饱满的滞回曲线。不过由于钢板开缝对原有钢板剪力墙的刚度和承载力削弱过多，在实际工程中很少采用。

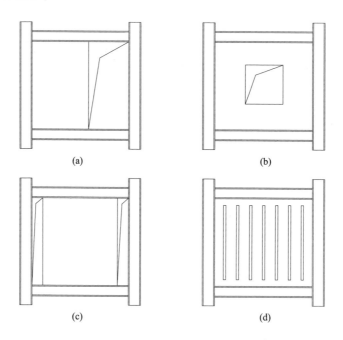

图 1.2-2　开洞带缝钢板剪力墙
（a）开门洞钢板剪力墙；（b）开窗洞钢板剪力墙；
（c）两侧开洞钢板剪力墙；（d）开缝钢板剪力墙

4. 传统防屈曲钢板剪力墙

钢板剪力墙屈曲前主要处于平面应力状态，随着侧向剪切变形的增大，钢板出现面外斜向屈曲变形，主应力和沿对角方向的面外屈曲变形变大，应力重分布后，在钢板的对角方向上产生拉力，结构抗侧力模式由剪切应力场向斜向拉力场转换。如果采用措施减少钢板的面外变形，会使钢板具有更好的抗剪性能。通过对各类型钢板剪力墙结构的研究应用调研发现，进行面外屈曲变形约束的钢板剪力墙具有更为优良的结构力学性能，可以明显改善薄钢板剪力墙滞回曲线捏缩、拉力带加重边缘框架负担、面外变形过大影响建筑功能适用性等方面的不足。防屈曲钢板剪力墙结构就是通过约束钢板的面外屈曲变形，以充分发挥钢板的抗剪抗侧能力。常见的防屈曲钢板剪力墙有两侧加混凝土盖板［图 1.2-3（a）］和密肋网格式［图 1.2-3（b）］两种形式。

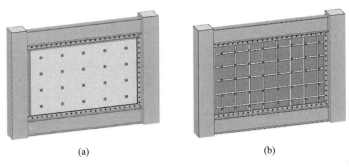

(a)   (b)

图 1.2-3 防屈曲钢板剪力墙

（a）两侧加混凝土盖板；（b）密肋网格式

1.3 国内外相关研究现状

1.3.1 研究趋势与热点分析

本节将基于科学知识图谱对钢板剪力墙在国内外的研究发展趋势和热点进行分析。采用 Citespace 软件，对 2019 年以来发表在 Web of Science（WoS）核心数据库以及 CNKI 核心数据库里关于钢板剪力墙的论文进行研究分析，对该领域年出版量、科研合作关系、高被引、共被引、关键词共现等进行分析，探讨钢板剪力墙领域研究现状、发展历程以及科研趋势等，能更好地了解与把握国内外研究现状。

本书采用的软件版本号是 Citespace 5.7.R1（64 - bit），文献搜索日期为 2020 年 7 月 30 日。

（1）文献获取及处理方法

为了解主流学界在钢板剪力墙领域的研究趋势以及热点演进，本书选取 CNKI 核心数据库（CNKI 核心库）以及 WoS 核心数据库（WoS 核心库）作为数据源对钢板剪力墙领域进行知识图谱分析。

知识图谱可视化分析前需要根据研究领域的关键词、主题词等在数据库中寻找相关内容。我国规范《钢板剪力墙技术规程》JGJ/T 380—2015 中将钢板剪力墙分为非加劲钢板剪力墙、加劲钢板剪力墙、防屈曲钢板剪力墙、钢板组合剪力墙、开缝钢板剪力墙等，而欧洲规范 BS EN 1998-1：2004 中对钢板剪力墙的定义描述为："Steel Plate Shear Wall""Steel Shear Wall"等，关键词较多。因此，在 WoS 与 CNKI 核心库中检索相关文献时，通过主题检索的方式进行数据源收集，不完全限定检索词语"钢板剪力墙""Steel Plate Shear Wall"等进行检索，能够最大程度地采集到符合本书要求的钢板剪力墙相关领域的文献。

WoS 核心库检索采用主题词检索的方式，主题词为 Steel Plate Shear Wall（SPSW），CNKI 核心库检索主题词为钢板剪力墙，选取时间跨度截至 2019 年。对上述两个数据库数据源进行人工筛选，剔除部分无效期刊、征文通知、新闻等，WoS 核心库共提取 784 篇文献，CNKI 核心库共提取 698 篇文献，文献获取及处理方法见表 1.3-1。

文献获取及处理方法 表 1.3-1

数据库	Web of Science 核心合集	CNKI 核心期刊
检索方式	主题检索	主题检索
检索词汇	Steel Plate Shear Wall（SPSW）	钢板剪力墙
时间范围	截至 2019 年	截至 2019 年
学科分类	Engineering or Construction Building Technology or Materials Science or Mechanics or Physics	建筑科学与工程
文献类别	Article	期刊
检索结果	784	698

通过上一步数据采集，共搜寻到 1482 条有效数据结果，在利用 Citespace 信息可视化分析软件对数据集进行分析前，需要对提取的数据进行映射处理，使用 Citespace 内置的数据转换器对 CNKI 核心库和 WoS 核心库数据集进行预处理，将数据库提取的数据进行数据格式匹配以及删除重复项。

（2）WoS 核心库文献分析

1）发文量趋势分析

图 1.3-1 为 WoS 核心库钢板剪力墙领域发文量统计，可以看出在本书限定范围的 WoS 核心库下，钢板剪力墙领域的第一项研究发表于 1991 年。从发文数量来看，研究趋势可以分为三个阶段：一是 1991～2005 年的研究初期，这一领域并没有引起国际学界的广泛关注，每年的发文量都保持较低的水平，且没有明

显地上升；二是 2006～2014 年的研究缓慢增长期，这一阶段每年的发文量开始
缓慢增加，国际学界开始逐渐关注钢板剪力墙领域的研究；三是 2015 年至今开
始进入快速增长期，该阶段发文量呈爆炸式增长，截至 2019 年 12 月，整个
2019 年发文量突破新高，共计 132 篇。

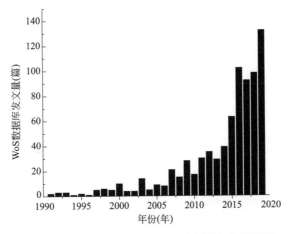

图 1.3-1　WoS 核心库钢板剪力墙领域发文量统计

2）科研合作分析

科研合作是指科研人员为同一科研任务实现同一科研目标而彼此进行合作的
科研产出活动。在 Citespace 软件中，可以分别选择 Author、Institution 以及
Country 进行科研合作分析，对应理解为微观合作、中观合作以及宏观合作。绘
制科研合作关系知识图谱可以探寻在钢板剪力墙领域中最具影响力的科研人员、
科研机构以及国家。

a. 宏观合作

图 1.3-2 为 WoS 核心库合作国家图
谱。其中，节点代表了所分析的对象；
节点的大小表示在该领域中出现的频
次，代表发文量的多少，能够表征该国
家对钢板剪力墙领域的贡献；节点间的
连线粗细程度反映了合作的密切程度。

表 1.3-2 列出了 WoS 核心库国家频
次，可以看出，中国的科研产出已经位

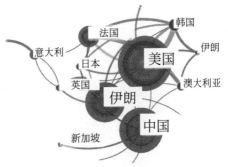

图 1.3-2　WoS 核心库合作国家图谱

列第一（251 篇），并且中心度也是最高的，说明在钢板剪力墙领域中国的科研投
入与科研产出都是最多的，同时国内科研人员的科研成果也得到了世界各国学者的
认可。排名第二的是美国（189 篇），随后的是伊朗、加拿大、韩国、澳大利亚、

意大利、日本、英国、新加坡等。

WoS 核心库国家频次 表 1.3-2

编号	国家	数量（篇）	中心度	起始年份（年）
1	中国	251	0.36	2007
2	美国	189	0.26	1993
3	伊朗	138	0.32	2007
4	加拿大	55	0.14	1998
5	韩国	46	0.02	2005
6	澳大利亚	22	0.05	2007
7	意大利	20	0.13	2013
8	日本	20	0.03	2000
9	英国	20	0.09	2002
10	新加坡	16	0.00	2015

b. 中观合作

图 1.3-3 为 WoS 核心库科研机构合作图谱，表 1.3-3 为 WoS 核心库国际科研机构出现频次。

图 1.3-3 WoS 核心库科研机构合作图谱

WoS核心库国际科研机构出现频次　　　　　　　　表 1.3-3

编号	研究机构	数量	中心度	起始年份(年)
1	清华大学	30	0.09	2005
2	纽约州立大学布法罗分校	29	0.08	2012
3	同济大学	27	0.27	2016
4	天津大学	25	0.06	2011
5	哈尔滨工业大学	25	0.25	2014
6	伊斯兰阿扎德大学	20	0.35	2015
7	普渡大学	18	0.10	2015
8	东南大学	16	0.03	2015
9	新加坡国立大学	16	0.13	2016
10	重庆大学	30	0.09	2005

图 1.3-3 可以看出各个科研机构之间形成了复杂的共现网络，这表明在该领域国际研究机构之间研究合作关系较为紧密。表 1.3-3 可以看出，不管是研究成果数量还是中心度，前十位的机构大部分都是中国的科研机构，这表明中国的科研机构为钢板剪力墙领域的发展作出了巨大贡献。其中，频次最高的科研机构是清华大学，中心度最高的科研机构是阿扎德大学、同济大学与哈尔滨工业大学，表明这些科研机构的研究成果得到了学界的广泛关注，值得借鉴。

c. 微观合作

图 1.3-4 为 WoS 核心库作者合作图谱，可以看出，国际钢板剪力墙领域发文量前三的研究团队分别是以 Michel Bruneau、J Y Richard Liew 以及 Amit H Varma 为核心的科研团队。

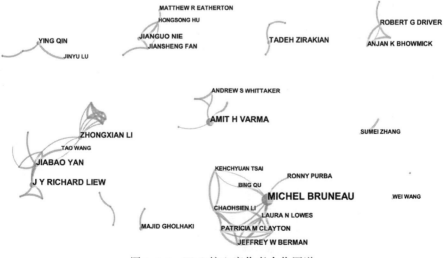

图 1.3-4　WoS 核心库作者合作图谱

表 1.3-4 为 WoS 核心库作者出现频次，其中发文量最多的为 Michel Bruneau，共有 27 篇。表中可以看出高频作者的中心度均为 0，表明国外钢板剪力墙领域研究人员之间并没有大规模的合作关系。

通过对 WoS 核心库科研合作进行微观、中观以及宏观分析，无论是从发文量还是中心度都能看出，中国科研人员的产出都是最多的，由此可见，中国的科研人员为钢板剪力墙领域的研究作出了巨大的贡献，中国科研机构以及科研人员已经成为该领域的中坚力量。

WoS 核心库作者出现频次   表 1.3-4

编号	研究人员	数量(篇)	中心度	起始年份(年)
1	Michel Bruneau	27	0.00	2008
2	J Y Richard Liew	15	0.00	2015
3	Amit H Varma	15	0.00	2015
4	Jiabao Yan	13	0.00	2016
5	Zhongxian Li	11	0.00	2016
6	Tadeh Zirakian	10	0.00	2015
7	Jeffrey W Berman	9	0.00	2012
8	Jianguo Nie	9	0.00	2013
9	Robert G Driver	9	0.00	2009
10	Ying Qin	8	0.00	2017

3）引用次数最多的参考文献（以下简称"高被引文献"）分析

高被引文献显示出该文献在该领域中受到的关注以及认可较多，因此能够表征该研究领域的方向分布。表 1.3-5 为 WoS 核心库高被引文献。

引用量最多的是 Robert G. Driver 于 1998 年发布在 *Journal of Structural Engineering‐ASCE* 上的一篇名为 Cyclic test of four‐story steel plate shear wall 的文章，引用量为 195。文中进行了一榀单跨四层缩尺比为 1/2 的非加劲薄钢板剪力墙低周往复荷载试验，结果表明，钢板剪力墙具有优越的延性以及耗能能力。此外从期刊源可以看出，被引量最高的前十篇文献有 9 篇都来自 *Journal of Structural Engineering‐ASCE*，这表明该期刊是研究钢板剪力墙领域重要平台。

WoS 核心库高被引文献   表 1.3-5

编号	论文题目	作者	期刊	引用量	起始年份(年)
1	Cyclic test of four‐story steel plate shear wall	Robert G. Driver	*Journal of Structural Engineering‐ASCE*	195	1998

编号	论文题目	作者	期刊	引用量	起始年份(年)
2	Experimental - study of thin steel plate shear walls under cyclic load	Vincent Caccese	*Journal of Structural Engineering - ASCE*	154	1993
3	Cyclic behavior of traditional and innovative composite shear walls	Qiuhong Zhao	*Journal of Structural Engineering - ASCE*	153	2004
4	Unstiffened steel plate shear wall performance under cyclic loading	Adam S. Lubell	*Journal of structural engineering - ASCE*	134	2000
5	Experimental Investigation of Light - Gauge Steel Plate Shear Walls	Jeffrey W. Berman	*Journal of Structural Engineering - ASCE*	109	2005
6	Plastic analysis and design of steel plate shear walls	Jeffrey W. Berman	*Journal of Structural Engineering - ASCE*	108	2003
7	Experimental study on steel shear wall with slits	Toko Hitaka	*Journal of Structural Engineering - ASCE*	103	2003
8	Hysteretic characteristics of un-stiffened perforated steel plate shear panels	T. M. Roberts	*Thin - walled structures*	94	1992
9	Cost optimization of concrete structures	Kamal C. Sarma	*Journal of Structural Engineering - ASCE*	92	1998
10	Postbuckling Behavior of Steel - Plate Shear Walls under Cyclic Loads	M. Elgaaly	*Journal of Structural Engineering - ASCE*	90	1993

4）知识基础分析

新学科的发展往往需要借鉴已有的知识源，通常发表在期刊上的研究论文就代表了某些学科的前沿领域。1973 年，美国的情报学家 Henry Small 首先提出了共被引分析方法，并且认为一个学科领域的前沿可以由共被引文献聚类所体现。共被引文献是指第一篇和第二篇文献同时被第三篇文献所引用，这两篇文献就形成了共被引关系。

WoS 核心库共被引文献图谱（年）如图 1.3-5 所示、WoS 核心库共被引文献排名如表 1.3-6 所示。从图表中可以看出，被引量最高以及中心度最高的高共被引文献为 2011 年 Jeffrey W. Berman 在 *Engineering Structure* 上发表的题为 Seismic behavior of code designed steel plate shear walls 的文献，其被引量为 54。虽然相比于前文所述的高被引文献，这篇文献的引用量不是很高，但是高共被引量说明该文献在钢板剪力墙领域中的关联度以及接受度非常高，是值得相关研究人员关注的权威文献。

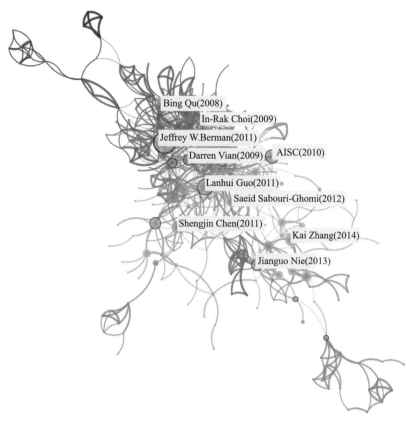

图 1.3-5　WoS 核心库共被引文献图谱（年）

注：图片由作者制作

WoS 核心库共被引文献排名　　　　　　　　　　　　　　表 1.3-6

编号	论文题目	作者	期刊	中心度	引用量	起始年份(年)
1	Seismic behavior of code designed steel plate shear walls	Jeffrey W. Berman	*Engineering Structure*	0.26	54	2011
2	Behavior of steel plate shear wall connected to frame beams only	Lanhui Guo	*International Journal of Steel Structures*	0.1	33	2011
3	Experimental study of low-yield-point steel plate shear wall under in-plane load	Shengjin Chen	*Journal of Constructional Steel Research*	0.08	31	2011
4	Experimental and theoretical studies of steel shear walls with and without stiffeners	Saeid Sabouri-Ghomi	*Journal of Constructional Steel Research*	0.03	30	2012

编号	论文题目	作者	期刊	中心度	引用量	起始年份(年)
5	Steel plate shear walls with various infill plate designs	In‑Rak Choi	*Journal of Structural Engineering*	0.05	29	2009
6	Specification for structural steel buildings: ANSI/AISC360‑10	Aisc	*Journal of Structural Engineering*	0.13	29	2010
7	Testing of full‑scale two‑story steel plate shear wall with reduced beam section connections and composite floors	Bing Qu	*Journal of Structural Engineering*	0.08	29	2008
8	Effect of shear connectors on local buckling and composite action in steel concrete composite walls	Kai Zhang	*Nuclear Engineering and Design*	0.01	29	2014
9	Special perforated steel plate shear walls with reduced beam section anchor beams. I: Experimental investigation	Darren Vian	*Journal of Structural Engineering*	0.11	28	2009
10	Experimental study on seismic behavior of high‑strength concrete filled double‑steel‑plate composite walls	Jianguo Nie	*Journal of Constructional Steel Research*	0.2	28	2013

对共被引文献进行聚类分析，并以时间线的方式进行展示，WoS 核心库共被引文献聚类时间线视图如图 1.3-6 所示。可以看出文献共被引通过聚类分析得出 11 个聚类，分别是♯0、♯4 滞回曲线，♯1 有限元分析，♯2 自复位，♯3、♯7 组合结构，♯5 预制混凝土，♯6 抗剪承载力，♯8 中空夹层钢管混凝土，♯9 低屈服钢材，♯13 塑性铰。

♯0 与♯4 聚类具有相似的主题词，故在此将两组聚类进行合并。在"滞回曲线"聚类下：Lan hui Guo 等设计制作了两组两边连接钢板剪力墙试验，研究加劲肋对该类构件滞回性能的影响。同时采用有限元方法对钢板剪力墙进行受力分析，并与试验结果进行了对比，验证有限元分析结果的正确性。试验结果表明，试件均具有良好的延性和耗能能力；非加劲试件面外变形明显，应加劲约束以满足设计要求；加劲试件的耗能能力大于非加劲试件。最后，提出了钢板剪力墙的骨架曲线，用于计算弹性刚度以及极限承载力。Sabouri 等分别对两个加劲与非加劲单层钢板剪力墙进行抗震性能试验。结果表明，加劲肋改善了钢板剪力

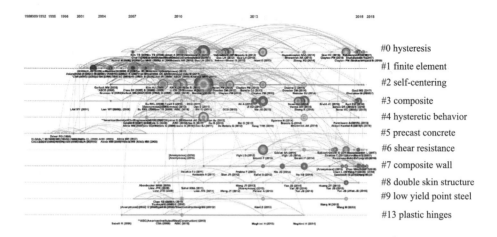

图 1.3-6 WoS核心库共被引文献聚类时间线视图

注：图片由作者制作

墙的受力性能，使钢板耗能能力提高 26%，抗剪刚度提高 51.1%，但对钢板抗剪强度影响较小。

♯1"有限元"聚类下：Choi 等对 5 个三层钢板剪力墙进行抗震性能试验研究，主要参数包括四边焊接、两边焊接、四边螺栓连接以及中间开洞。结果表明，上述几类钢板剪力墙均表现出较好的耗能能力，并给出各种钢板剪力墙的使用场合。Qu Bing 等研究了内置墙板在地震后的可替换性以及梁的抗震性能，设计了一个两层钢板剪力墙的足尺试验，分别进行两阶段拟动力试验。在进行第二阶段的拟动力试验之前，将第一阶段的板替换为新板。结果表明，在随后的地震试验中，修复后的试件能够继续发挥耗能作用，同时边界框架不会受到严重破坏或整体强度退化。将拟动力试验和循环试验的结果分别与双条带（仅受拉条带）和单向弹塑性分析（三维有限元模型）的地震性能预测进行了比较，发现两者吻合较好。

♯3、♯7"组合结构"聚类下：Jianguo Nie 等提出了一种采用高强混凝土的双钢板混凝土组合墙（CFDSP），并对 12 个试件进行了大轴压和反向循环侧荷载作用下的试验研究，所有试件均表现出良好的耗能能力和变形能力，滞回曲线饱满，极限层间位移角大。根据试验结果，分析了各试件的刚度和强度退化情况，并对各试件的变形特性进行了详细讨论，最后，提出了一种基于截面分析方法的强度预测方法，并对常规设计提出了具体要求。Hong-Song Hu 等基于精细材料本构模型的纤维截面分析方法，编制了分析钢管混凝土组合剪力墙弯矩-曲率特性的分析程序。该程序的准确性已与可用的试验结果进行了验证，然后对 6379 种本构模型进行了参数化研究，研究轴压比、混凝土强度、钢约束比和边界元混凝土约束等变量对钢板混凝土组合墙截面变形能力的影响。根据几何和材料输入，对结果进行分析，以开发出计算极限曲率的简化公式，极限曲率为弯矩能力损失 15% 时对应的曲率。极限曲率的计算公式可进一步用于计算复合剪力墙的位移能力和延性。

#6 "抗剪承载力" 聚类下：Fereshteh Emami 等研究了波纹钢板剪力墙和非加劲钢板剪力墙的抗震性能，进行了单层单跨 1/2 缩尺钢板剪力墙试验，对比三种不同钢板剪力墙的刚度、强度、延性比和耗能能力。结果表明，虽然非加劲试件的极限强度比波纹试件大近 17%，但波纹钢板剪力墙的耗能能力、延性和初始刚度分别比非加劲试件提高约 52%、40% 和 20%。

上述几个聚类是在所有聚类中包含文献数量最多的聚类，表明上述聚类在钢板剪力墙领域是非常重要的研究方向，对于想快速了解该方向的科研人员，需要对这几个聚类方向中主要引用的文献有一个充分的把握。

（3）CNKI 核心库文献分析

通过上文对 WoS 核心库文献的高被引、高共被引、发文量以及科研合作等指标分析，可以发现中国学者在钢板剪力墙领域的贡献较大。因此，为充分掌握钢板剪力墙领域的研究热点和演进趋势，对 CNKI 核心库的文献分析必不可少。

1）发文量趋势分析

在本书限定的查询范围中，CNKI 核心数据库第一篇文献是 1995 年由李国强等在《工业建筑》上所发表的题为《钢板外包混凝土剪力墙板抗剪滞回性能试验研究》的一篇文章。文中提出在钢板剪力墙外侧浇筑混凝土墙板，为钢板剪力墙提供屈曲约束的方法，并通过缩尺试验验证该方法能够有效提高结构整体的抗震性能，在早期钢板剪力墙领域中引起了广泛关注。

图 1.3-7 为 CNKI 核心库钢板剪力墙领域发文量统计，可以看出，国内钢板

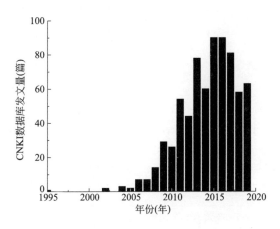

图 1.3-7　CNKI 核心库钢板剪力墙领域发文量统计

剪力墙发文量变化趋势与国际发文量变化趋势不同。1995 年开始只有一篇权威期刊，这个阶段国内学者还未开始大规模关注钢板剪力墙领域的相关研究。随着学界、业界对钢板剪力墙领域的关注，从 2002 年开始，国内该领域发文量进入增长阶段，每年的发文量都在增加，到 2015 年、2016 年达到顶峰，年均 90 篇。然而从 2017 年开始钢板剪力墙领域发文量开始减少，截至 2019 年 12 月，整个 2019 年只有 63 篇相关研究出版，未来发文量可能还会继续减少。预测到 2020 年，相关发文量会降至 50 篇左右。

2）科研合作分析

a. 中观合作

图 1.3-8 是 CNKI 核心库科研机构合作图谱，可以看出科研机构合作图谱形成了三大聚类：聚类♯1 包含西安建筑科技大学土木工程学院、清华大学土木工程系、重庆大学土木工程学院等高校院系；聚类♯2 由同济大学土木工程学院、中国建筑科学研究院以及哈尔滨工业大学土木工程学院等组成；聚类♯3 由部分高校如北京工业大学建筑工程学院以及天津大学建筑工程学院组成，此聚类中各研究机构之间联系相对较弱，机构间合作较少。

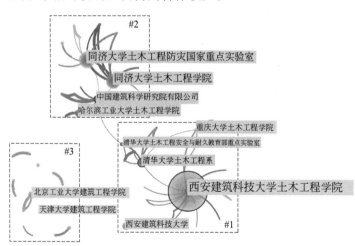

图 1.3-8　CNKI 核心库科研机构合作图谱

表 1.3-7 为 CNKI 核心库科研机构出现频次，可以看出研究力量主要集中在西安建筑科技大学、同济大学、清华大学、中国建筑科学研究院有限公司、重庆大学以及哈尔滨工业大学这几所机构中。

CNKI 核心库科研机构出现频次　　　　　　　　　　　　表 1.3-7

编号	研究机构	数量（篇）	中心度	起始年份（年）
1	西安建筑科技大学土木工程学院	93	0.13	2007
2	同济大学土木工程防灾国家重点实验室	48	0.10	2009

编号	研究机构	数量（篇）	中心度	起始年份（年）
3	同济大学土木工程学院	38	0.05	2009
4	北京工业大学建筑工程学院	25	0.00	2010
5	清华大学土木工程系	20	0.15	2009
6	哈尔滨工业大学土木工程学院	19	0.01	2008
7	中国建筑科学研究院有限公司	18	0.17	2011
8	重庆大学土木工程学院	18	0.02	2012
9	西安建筑科技大学	15	0.00	2009
10	天津大学建筑工程学院	13	0.00	2015

b. 微观合作

图 1.3-9 为 CNKI 核心库作者合作图谱。可以看出，第一聚类是以郝际平与王先铁为核心的科研团队，可以看出郝际平的节点相较于其他节点都大，表明其发文量最多。其余发文量较多的团队分别是以李国强、曹万林、聂建国、顾强等为核心的科研团队。

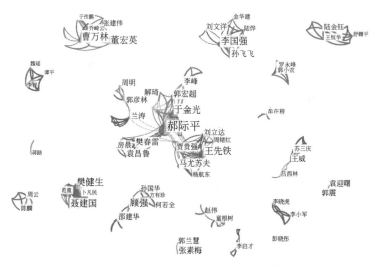

图 1.3-9 CNKI 核心库作者合作图谱

表 1.3-8 为 CNKI 核心库作者出现频次。可以看出，在国内钢板剪力墙领域发文量前三的研究人员分别是郝际平、王先铁和李国强。其中郝际平发文量有54 篇，且其中心度也最高，表明郝际平在该领域与其他学者合作最为紧密，研究成果较为权威，得到了学界的广泛认可。

CNKI核心库作者出现频次　　　　　　　　　　　　　　　表 1.3-8

编号	研究人员	数量（篇）	中心度	起始年份（年）
1	郝际平	54	0.05	2007
2	王先铁	29	0.02	2014
3	李国强	24	0.00	2009
4	曹万林	24	0.00	2010
5	于金光	22	0.01	2010
6	董宏英	19	0.00	2011
7	顾强	18	0.00	2008
8	聂建国	18	0.00	2010
9	樊健生	17	0.00	2010
10	孙飞飞	15	0.00	2009

3）高被引文献分析

与 WoS 核心库高被引文献类似，CNKI 核心库中引用次数最多的参考文献显示出该文献在国内钢板剪力墙领域中受到大量的关注。表 1.3-9 为 CNKI 核心库高被引文献。被引量最多的是陈国栋 2004 年发表于《建筑结构学报》的《钢板剪力墙低周反复荷载试验研究》，文中设计完成了 6 个缩尺比为 1/3 的钢板剪力墙抗震性能试验。试验结果表明，边缘构件刚度对钢板剪力墙的极限承载力影响较大；加劲肋的布置提高了钢板剪力墙的耗能能力；不同形式的加劲肋对钢板剪力墙的极限承载力与滞回性能提升程度不同，其中，十字形加劲肋提升程度最高。

CNKI核心库高被引文献　　　　　　　　　　　　　　　表 1.3-9

编号	论文题目	作者	期刊	引用量	发表年份（年）
1	钢板外包混凝土剪力墙板抗剪滞回性能试验研究	李国强	工业建筑	235	1995
2	内置钢板钢筋混凝土剪力墙抗震性能研究	吕西林	建筑结构学报	160	2009
3	防屈曲钢板剪力墙弹性性能及混凝土盖板约束刚度研究	郭彦林	建筑结构学报	151	2009
4	十字加劲钢板剪力墙的抗剪极限承载力	陈国栋	建筑结构学报	203	2004
5	防屈曲钢板剪力墙滞回性能理论与试验研究	郭彦林	建筑结构学报	213	2009
6	钢板剪力墙低周反复荷载试验研究	陈国栋	建筑结构学报	318	2004
7	钢板-混凝土组合剪力墙受剪性能试验研究	孙建超	建筑结构	148	2008
8	加劲钢板剪力墙弹性抗剪屈曲性能研究	郭彦林	工程力学	172	2006
9	双钢板-混凝土组合剪力墙研究新进展	聂建国	建筑结构	171	2011
10	低剪跨比双钢板-混凝土组合剪力墙抗震性能试验研究	聂建国	建筑结构学报	216	2011

其中编号1~5的5篇论文研究了两侧设置混凝土盖板钢板剪力墙的抗震性能，编号6~8的3篇论文对带加劲肋的薄钢板剪力墙进行研究，编号9~10的2篇论文研究了双钢板-混凝土组合剪力墙的抗震性能。在这10项研究中，有9篇采用了模型试验的方式进行研究，仅有1篇通过数值模拟的方式进行相关研究。可以看出，国内研究人员更偏向于通过试验的方式研究钢板剪力墙的破坏模式、延性、刚度、抗剪性能、极限承载力等。

4）研究热点

由于CNKI核心库暂时不支持文献共被引分析，为了解国内钢板剪力墙领域的研究热点与研究趋势，本书采用关键词共现分析方法对CNKI核心库进行分析。关键词共现是指对数据集中所有关键词两两统计它们在同一组文献中出现的频次，并通过共现频次来表征这两个关键词的亲疏关系。对数据集中的所有关键词进行共现分析，频次最高、中心度最高的关键词将是领域中学者关注的研究热点。

与WoS核心库共被引文献聚类类似，要想从复杂的共现网络中寻找某方向最具有代表性的文献需要进行聚类分析。通过Citespace计算得到9个关键词聚类，并通过时间线视图进行展示，CNKI核心库关键词共现聚类时间线视图如图1.3-10所示。

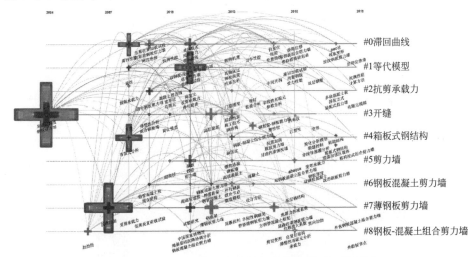

图1.3-10　CNKI核心库关键词共现聚类时间线视图

图1.3-10中可以看出，目前钢板剪力墙的形式主要有♯3开缝、♯4箱板式钢结构、♯6钢板混凝土剪力墙、♯7薄钢板剪力墙；主要研究钢板剪力墙的♯0滞回曲线、♯1等代模型、♯2抗剪承载力等力学性能；研究人员通常采用试验研究钢板剪力墙的力学性能，考察结构的整体性能（损伤破坏模式）、滞回性能（滞回曲线饱满程度）、承载能力分析（屈服承载力和极限承载力）、刚度分析

（初始刚度、峰值割线刚度以及刚度退化）、耗能能力（第一循环的滞回环包络面积）、结构的延性（位移延性系数）等。从时间线视图中可以看出，薄钢板剪力墙的屈曲后性能一直是科研人员的研究热点，目前针对薄钢板剪力墙的研究热点主要集中在防屈曲构造、装配式钢板剪力墙、钢板剪力墙的等代简化模型和设计方法等方面。

1.3.2 国内外研究现状

1. 非加劲钢板剪力墙

关于薄钢板的屈曲研究，国外有学者提出剪切屈曲后的"拉力场"理论，认为薄钢板的承载力不会因为屈曲而丧失，承载能力稳定，并提出了多斜杆的简化计算模型。后续许多学者开展了非加劲钢板剪力墙的拟静力试验研究，试验结果与分析证实了薄钢板剪力墙结构屈服后具备较好的承载能力和延性，同时也验证了多斜杆简化计算模型的有效性，该简化分析模型也被加拿大规范 *Design of Steel Structures* CSA S16－14 和美国规范 *Seismic Provisions for Structural Steel Building* ANSI/AISC 341－10 纳入采用。在此基础上，众多学者对简化分析模型进行了深入和细化研究，相继提出双向布置的多拉杆模型、变角度多拉杆模型、细化拉压杆模型等，这些模型与试验滞回曲线吻合程度更良好。

1983 年，加拿大学者 Thorburn 等首次提出利用钢板剪力墙屈曲后强度的概念，使用一系列只承受拉力的带有倾角的杆条来代替钢板，建立了钢板剪力墙的"拉杆条模型"（Strip Model），如图 1.3-11 所示，为薄钢板剪力墙的分析与设计提供了理论依据。

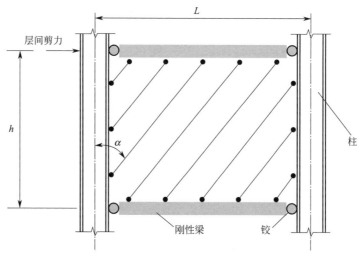

图 1.3-11　拉杆条模型

20 世纪 90 年代，美国学者 Sabouri‑Ghomi 和 Roberts 等完成了 22 个非加劲薄钢板剪力墙拟静力循环加载试验，试件主要参数为钢板是否开洞、高宽比、宽厚比等，试验结果表明各类非加劲薄钢板剪力墙均具有较好的延性与稳定的滞回性能。Elgaaly 等进行了多个非加劲钢板剪力墙拟静力循环加载试验，试验结果表明框架柱强度对薄钢板剪力墙的屈曲后强度的发挥影响较大。

2000 年，Lubell 等分别设计完成了 1/2 缩尺的 2 个单跨单层和 1 个单跨四层的非加劲钢板剪力墙的低周往复加载试验，研究结果表明边框架柱是影响钢板剪力墙极限承载力的主要因素。Berman 等对单层和多层钢板剪力墙进行了弹塑性分析，提出了适用于该结构形式的拉力带模型，但该计算模型对结构的受力分析计算偏于保守。

2005 年，Sabouri‑Ghomi 等针对框架钢板剪力墙提出单独考虑钢板与框架作用并互相叠加后得到框架钢板剪力墙整体性能的计算方法——M‑PFI 设计方法，如图 1.3-12 所示。此后 Mehdi 等对上述方法进行了修正，通过有限元模型验证了修正计算公式的正确性，并给出适用于该修正公式的框架梁尺寸和材料强度范围。

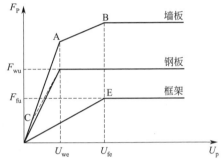

图 1.3-12　M‑PFI 设计方法

2010 年，Choi 等对带有周边刚性框架的薄钢板剪力墙结构进行非线性有限元分析，根据分析结果，提出了考虑非加劲钢板剪力墙抗压强度的滞回本构模型，该滞回本构模型可用于拉杆条模型和等效支撑模型，并将提出的简化模型与精细化有限元模型计算结果进行对比，验证了该简化模型的正确性。

国内也有大量学者对非加劲钢板剪力墙进行相关研究。

2002 年，苏幼坡等进行了 4 个薄钢板剪力墙及 1 个钢筋混凝土框架的低周往复循环加载试验，探讨了薄钢板剪力墙的承载力、耗能能力、刚度以及延性，试验发现在钢筋混凝土框架中设置薄钢板剪力墙能够提高结构的刚度及承载力。

2008 年，邵建华等采用有限元方法研究内置钢板剪力墙高厚比对结构抗震性能的影响。研究发现，当侧向位移较大时，薄钢板的耗能效率高于厚钢板，同时薄钢板延性也更好，但厚钢板拥有更好的抗侧刚度及极限承载力。同时，邵建华还将拉杆条模型与试验数据进行对比分析，结果表明拉杆条模型能够准确模拟钢板剪力墙的极限承载力，文中还指出拉杆条模型中采用不少于 10 根拉杆时计算结果精度较高。

2008 年，聂建国等运用非线性有限元软件 Msc. Marc 对一个两跨四层非加劲薄钢板剪力墙进行有限元分析，研究了不同钢板厚度对结构耗能能力的影响。

计算结果表明，钢板厚度对结构整体屈曲模式有影响，同时还指出在设计中应充分考虑钢板剪力墙与边框柱的刚度比。

2009 年，王迎春等分别设计了 2 个框架-钢板剪力墙试验，内嵌钢板与周边框架分别采用焊接连接与栓焊混合连接。研究结果表明，栓焊混合连接试件相比于全焊连接，其初始刚度较低，但变形能力和耗能能力均有所提高，两者的极限承载力相近，在实际施工中可依据实际工程需求采取不同的连接方式。

2010 年，曹万林等为探究钢板剪力墙不同高厚比对构件抗震性能的影响，进行了 3 个 1/5 缩尺比的钢管混凝土-钢板剪力墙低周往复荷载试验。试验结果表明，薄钢板比厚钢板延性较好，但承载力与刚度稍弱，并提出在设计中应采用强钢管混凝土边框弱钢板的设计原则。

2011 年，李然和郭兰慧等设计试验对比了圆钢管混凝土框架内置钢板剪力墙结构体系与圆钢管混凝土框架的抗震性能。研究发现，内置钢板剪力墙的钢管混凝土框架体系比纯框架具有更高的承载力及更好的耗能能力。

2014 年，王先铁等基于钢框架-钢板剪力墙的理想破坏机制，推导出剪力墙边缘构件计算公式，并通过有限元模型验证公式的正确性。

也有不少学者针对非加劲钢板剪力墙的连接方式、边缘构件、简化分析模型等方面开展了深入的研究工作，部分相关研究结果已纳入了我国行业标准《钢板剪力墙技术规程》JGJ/T 380—2015。

可以看出，国内外学者对于非加劲钢板剪力墙的研究主要集中在内置钢板的高厚比、宽厚比、边框架柱形式、刚度比以及非加劲钢板剪力墙的"拉杆条模型"的研究验证以及修正等方面。研究结论也指出，非加劲薄钢板剪力墙滞回曲线存在明显捏缩、墙板屈曲荷载较低、耗能能力不强、屈曲变形伴有明显噪声和振颤、边框架柱在附加弯矩作用下易提早发生破坏等不足，需要采取相应的措施来对钢板的面外屈曲变形进行约束。

2. 加劲钢板剪力墙

1973 年，日本学者 Takahashi 等最早采用试验方法研究水平往复循环荷载作用下加劲钢板剪力墙的抗震性能。试验结果表明：加劲钢板剪力墙滞回性能良好，滞回环捏缩效应不明显，验证了加劲钢板剪力墙相比于非加劲钢板剪力墙具有更好的抗震性能。

2007 年，Alinia 等通过建立 ANSYS 有限元模型，分析了加劲形式、加劲肋刚度以及加劲肋间距等参数对钢板剪力墙耗能能力的影响。研究发现非加劲薄钢板剪力墙具有较好的延性，但耗能能力不足，虽然布置加劲能够提高其耗能能力，但过多的加劲肋会降低钢板剪力墙的延性。

2013 年，Alavi 等分别进行了非加劲钢板剪力墙、加劲钢板剪力墙以及中间开孔加劲钢板剪力墙试件的拟静力加载试验，结果表明，采用斜向加劲对钢板上孔洞加固能够有效地提高开孔剪力墙结构的强度、刚度。

2016 年，Sigariyazd 等设计完成了 3 个缩尺钢板剪力墙试验，分别为非加劲、斜向加劲及十字加劲钢板剪力墙试件，并将试验结果与有限元模拟结果进行比较。

与此同时，国内有许多学者也对加劲钢板剪力墙进行相关研究。

2004 年，郭彦林等采用有限元和试验的研究方法，对比分析非加劲、十字加劲以及斜向交叉加劲薄钢板剪力墙的抗震性能。研究结果表明，对角斜向交叉加劲钢板剪力墙相比于其他两类具有更高的承载力和更好的滞回性能。同时，还讨论了肋板刚度比、板高厚比和边柱刚度对钢板剪力墙结构的剪切屈曲性能的影响，并提出钢板剪力墙承载力的简化计算公式。

2007 年，郝际平等对不同加劲形式、边框形式的薄钢板剪力墙进行试验研究，对比分析了各钢板剪力墙试件的抗震性能。结果表明，薄钢板剪力墙发挥屈曲后强度需要框架柱具有足够的强度和稳定性，十字形加劲薄钢板剪力墙的耗能能力最优。

2013 年，王先铁等采用 ABAQUS 有限元软件分别对方钢管混凝土框架-十字加劲薄钢板剪力墙和非加劲薄钢板剪力墙进行有限元分析，并讨论上述两类试件在抗震性能方面的异同，并提出了十字加劲肋薄钢板剪力墙结构的承载力计算方法。研究结果表明，十字形加劲肋的设置能够提高钢板剪力墙结构的耗能能力和承载力。

2019 年，杨雨青等建立了 11 个单跨双层加劲钢板剪力墙有限元模型，研究了竖向加劲、斜向加劲、单侧开洞、两边连接等加劲肋形式对钢板剪力墙结构极限承载能力以及抗震性能的影响。结果表明，各种加劲肋形式均能够不同程度地提高钢板剪力墙结构的承载能力与刚度。

2019 年，于金光等采用数值模拟与试验相结合的方法对三组单跨两层的钢板剪力墙结构进行低周往复加载试验，设计参数主要有非加劲、十字加劲以及斜向加劲等形式。结果表明，加劲肋的设置有助于提升钢板剪力墙的耗能能力，减小滞回曲线的捏缩现象；斜向加劲钢板剪力墙比十字加劲钢板剪力墙破坏提前；加劲钢板剪力墙破坏后的力学性能退化为非加劲钢板剪力墙形式。

可以看出，国内外学者在加劲钢板剪力墙领域进行了大量的试验和数值研究，传统的焊接式加劲方法能够提升钢板剪力墙结构的刚度、极限承载力以及耗能能力，在实际工程得到了推广应用，例如天津津塔采用了圆钢管混凝土框架-加劲薄钢板剪力墙结构体系。试验研究和实际使用过程中发现，加劲钢板剪力墙也存在以下问题：加劲肋焊接数目加多将造成剪力墙整体刚度变大，焊缝裂纹使结构延性降低；焊接残余应力和变形对结构力学性能损伤较大；加劲肋参与钢板面内剪切受力易发生局部屈曲，会提早退出工作；焊接施工对操作人员技术要求过高，建筑造价较高。

3. 开洞带缝钢板剪力墙

目前，针对开洞带缝钢板剪力墙的研究主要集中在两个方面：一是如何根据开设洞口的形状、大小和位置准确评估削弱作用的大小；二是如何通过在洞口附近加设加劲肋板以起到局部补强的作用。国内外许多学者已经对开洞钢板剪力墙进行了研究。

2003 年，Hitaka 和 Matsui 进行了 4 组共 42 个两边连接竖向开缝的缩尺钢板剪力墙试件单向加载与低周往复加载试验，研究了开缝数量、加劲形式、开缝间距、钢板宽厚比等参数对钢板剪力墙抗震性能的影响。结果表明，随着开缝间距的减小，钢板剪力墙的破坏模式从整体剪切屈曲变成竖缝间钢板条的局部扭屈曲，在钢板剪力墙两侧自由边设置加劲肋能够增加其承载力。

2009 年，Vian 等设计了两组开洞钢板剪力墙试验，一组是在中间开设多个圆孔，另一组是在角部开设圆孔。研究结果表明，在水平荷载作用下，这两种新式开洞钢板剪力墙均具有良好的延性，上述开洞形式并不会影响钢板屈曲后拉力场的形成与发展。

2012 年，Valizadela 等针对钢板的宽厚比与开孔尺寸两组参数，进行了 8 组试件的水平往复荷载试验。试验结果表明，在钢板屈曲后对角线方向上的孔洞边缘容易发生撕裂，同时开孔直径的增加会降低结构的刚度和承载力。

Hosseinzadeh 采用数值模拟的方法，研究不同参数对开洞钢板剪力墙结构的抗震性能的影响，参数主要包括钢板剪力墙的厚度、开洞位置、洞口周围设置的加劲肋形式与尺寸等。结果表明，钢板过厚会影响结构延性，同时设置加劲肋能够降低开孔对钢板剪力墙的影响。

Sabouri - Ghomi 等采用 ABAQUS 有限元软件，研究了开洞位置、开洞尺寸以及是否加劲对开洞钢板剪力墙抗震性能的影响。分析结果表明，对于非加劲开洞钢板剪力墙，开洞率的增大对钢板剪力墙的承载力与刚度影响较大；加劲开洞钢板剪力墙的开洞位置对结构的承载力与刚度影响较小；加劲与非加劲开洞钢板剪力墙耗能能力均会随开洞率的增加而降低。

2012 年，Kurata 等设计了一种新型两边连接钢板剪力墙试验，将斜向拉杆与钢板自由边和钢梁相连，研究结果表明，这种新型的钢板剪力墙比传统的上下两边连接钢板剪力墙在承载力、耗能能力以及刚度方面有较大提升。

国内部分学者也对开洞带缝钢板剪力墙进行了研究。

2007 年，缪友武和郭彦林等建立了两侧开缝加劲钢板剪力墙有限元模型，研究两侧和中部加劲肋刚度比、加劲肋宽厚比以及墙板高厚比等参数对钢板剪力墙弹性屈曲性能的影响，提出了适合两侧开缝加劲钢板剪力墙的弹性屈曲承载力设计方法。

2008 年，李戈和郝际平等设计了两片开洞薄钢板剪力墙低周往复荷载试验，研究开洞钢板剪力墙的抗震性能。结果表明，通过设置开洞可以减小内嵌钢板的宽度、调节钢板与框架的刚度比，开洞钢板剪力墙同样可以具有较高的承载力、刚度和延性。

2009 年，蒋路等进行了两个两边连接带缝钢板剪力墙的低周往复加载试验，研究两边连接带缝钢板剪力墙的破坏模式和耗能能力。结果表明，上下两边连接钢板剪力墙具有较好的耗能能力，此外在缝边设置加劲肋对提高整体结构的承载能力效果明显。

2009 年，马欣伯等分别对两边连接钢板剪力墙、中间开缝钢板剪力墙以及组合结构剪力墙进行了低周往复加载试验，考虑自由边加劲肋对两边连接钢板剪力墙耗能能力的影响，并推导了初始刚度计算公式，提出了适用两边连接钢板混凝土组合剪力墙的双向偏心支撑模型。

2012 年，郭兰慧等分别对 4 个两边连接钢板组合剪力墙及 5 个两边连接中间开缝钢板剪力墙进行低周往复加载试验，研究了无约束端板高度、端部设置加劲肋以及钢板剪力墙开缝排数对结构耗能能力的影响。结果表明，在角部设置加劲肋能够提高结构的延性和后期耗能能力。此外开缝的排数越多，对钢板的截面削弱程度越大，承载力越低，但耗能能力有所提高。

2013 年，朱力等设计了 3 个钢板剪力墙试件的低周往复荷载试验，并建立有限元模型，通过对比试验与有限元结果，发现开洞会降低钢板剪力墙的抗侧刚度与极限承载力；基于试验和有限元分析结果提出了开洞钢板剪力墙厚度折减率的简化计算公式。

2018 年，王鹏等在前人提出的开缝钢板剪力墙极限承载力计算公式的基础上，考虑了钢板柱高宽比、高厚比和钢板柱端板塑性区长度，给出了开缝钢板剪力墙极限承载力的修正公式。

2019 年，吴笑等提出了一种新型的 X 形钢板剪力墙，研究了不同跨高比以及高厚比条件下结构的抗震性能，并推导了初始刚度、屈曲后刚度以及极限承载力公式。结果表明，相比于传统两边连接钢板剪力墙，X 形钢板剪力墙刚度和承载力变化不大，但耗能能力有所下降。

综合上述国内外学者的研究成果可以得出，虽然对钢板开缝、开洞这些处理方式可以降低钢板的面外屈曲变形，减少拉力场效应对周边柱的附加弯矩，但同样会带来钢板剪力墙抗侧刚度、承载力的降低，不能充分利用钢板的材料强度。

4. 传统防屈曲钢板剪力墙

目前已有不少学者针对钢板剪力墙的防屈曲构造进行了研究。

最先的屈曲约束构造（以下简称约束构造）措施是在钢板剪力墙外侧设置混凝土板，钢板与混凝土板通过剪力钉形成组合作用，共同抵抗水平侧向力，称为组合钢板剪力墙。Astaneh-Asl 等还提出混凝土边缘预留缝隙的改进型组合墙，可以防止混凝土板在侧移早期时的挤压损坏。由于两者之间存在组合作用，钢板剪力墙变形也不可避免地会引起混凝土板参与面内受力，在往复作用下剪力钉附近混凝土板逐渐被压碎，后期混凝土板与钢板脱离进而失去约束功能。

郭彦林等提出了主要由内嵌钢板和两侧混凝土盖板组成的防屈曲钢板剪力墙，如图 1.2-3（a）所示，两侧混凝土盖板通过螺栓与内嵌钢板紧密接触，以实现盖板对内嵌钢板的面外约束，来提高内嵌钢板的弹性屈曲承载力。

郝际平等提出了密肋网格式防屈曲钢板剪力墙，如图 1.2-3（b）所示，在钢板两侧对称布置钢密肋网格板，通过预应力螺栓将两侧网格板与钢板充分接触，保证在受力过程中，钢板不发生整体面外屈曲变形，仅允许区格内的钢板发生局部屈曲产生拉力带，通过对钢板整体面外屈曲变形的限制，来提高钢板的抗剪承载力。类似构造的研究还有魏木旺提出的装配式四角连接防屈曲钢板剪力墙和金双双提出的防屈曲开斜槽钢板剪力墙，均是采用混凝土盖板来约束内嵌钢板的面外变形。

综上所述，目前采用的防屈曲措施主要是在内嵌钢板两侧设置混凝土盖板或密肋网格板等措施来限制钢板剪力墙的面外屈曲变形，基本实现钢板剪力墙平面内受力状态，以提高钢板剪力墙的抗剪承载力。与非加劲钢板剪力墙相比，防屈曲钢板剪力墙的两侧混凝土板为内嵌钢板提供相当大的侧向约束，防止钢板过早屈曲失稳，具有延性好、抗侧刚度高、承载力高等优点，提高了钢板的材料利用率。因此，对钢板剪力墙的防屈曲构造研究具有重要意义。

1.4 冷弯薄壁型钢约束钢板剪力墙

冷弯薄壁型钢结构体系（图 1.4-1）是一种新型的装配式结构体系，主要由屋盖、墙体、楼盖及围护结构拼合组成。冷弯薄壁型钢复合墙体是冷弯薄壁型钢体系中重要的组成部分，不仅起着结构承载的作用，承担结构的竖向和水平荷载，还发挥着保温、隔声、防潮等建筑围护功能的作用。冷弯薄壁型钢复合墙体（图 1.4-2）构成主要有冷弯薄壁型钢骨架、保温隔声材料以及两侧根据功

图 1.4-1 冷弯薄壁型钢结构体系

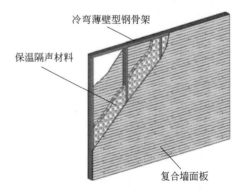

图 1.4-2 冷弯薄壁型钢复合墙体

能要求选用的复合墙面板。

作者从钢板的屈曲约束角度出发，结合墙体的保温、隔声、防渗、装饰等建筑功能需求，提出一种新型的帽形冷弯薄壁型钢约束钢板剪力墙结构，如图 1.4-3 所示。在边缘梁柱框架四边采用螺栓连接内嵌钢板剪力墙；在钢板剪力墙两侧采用帽形冷弯薄壁型钢来对钢板剪切面外屈曲变形进行约束；钢板剪力墙两侧的帽形冷弯薄壁型钢采用开孔直径小于钢板剪力墙开孔直径的螺栓对穿钢板进行连接，充分发挥帽形冷弯薄壁型钢截面强轴抗弯性能来对钢板进行面外屈曲约束，而不参与钢板剪力墙面内受力变形；钢板剪力墙两侧采用自攻螺钉将 OSB 装饰板固定于冷弯薄壁型钢龙骨翼缘上，OSB 装饰板与钢板之间可填充保温隔声材料，实现结构功能与建筑功能的一体化；整体结构具有自重轻，易于加工制造，现场装配式施工便捷的特点。本书将对冷弯薄壁型钢约束钢板剪力墙结构的受力性能与设计方法进行研究。冷弯薄壁型钢约束件是一种装配式加劲肋，可有效避免焊接对钢板带来的残余应力、残余变形和抗疲劳性差的问题。

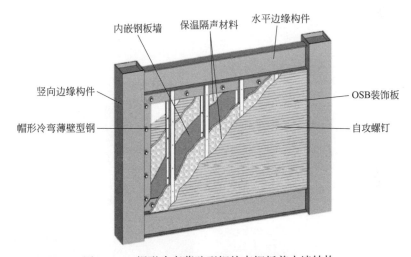

图 1.4-3　帽形冷弯薄壁型钢约束钢板剪力墙结构

国内外学者针对冷弯薄壁型钢复合墙体的受力性能和保温隔热建筑功能做了大量试验研究和理论分析。研究显示冷弯薄壁型钢复合墙体的覆面板具有"蒙皮效应"，可以提高墙体的竖向和水平剪切承载力，覆面板的材料形式、连接螺钉间距、支撑设置、立柱间距、墙板高宽比等对结构抗剪承载力影响较大。覆面板为单面定向刨花板（OSB 板）的组合墙体结构延性较好，材料强度提高使得组合墙体抗剪承载力明显提高。在冷弯薄壁型钢之间填充绝热材料具有优良的保温绝热效果，当填充的绝热材料具有一定强度时，还将进一步提高冷弯薄壁型钢复合墙体的竖向承载力和抗震性能，墙板的整体性能更高，目前常用的保温材料有聚氨酯保温板、聚苯乙烯、玻璃棉、岩棉板等。

在 2017 年中国工程院咨询研究项目《钢结构住宅产业化咨询研究》中，项目组实地调研了全国 17 座城市 33 座已建成的多、高层钢结构住宅，发现建筑围护体系的使用性能以及与主体结构的匹配性是制约钢结构住宅发展的瓶颈因素之一。围护体系的问题如图 1.4-4 所示，在建筑的综合性能评价中，舒适性是非常重要的指标，消费者的居住体验是决定钢结构建筑能否大面积推广的关键因素，而影响建筑舒适性重要的因素就是围护体系的选用。在所有调研的建筑围护体系中，冷弯薄壁型钢复合墙体的保温、隔声、防潮、防渗等建筑功能性能最优，推广应用前景广阔。

(a)

(b)

(c)

图 1.4-4　围护体系的问题
（a）墙体开裂；（b）墙体强度低、隔声差；（c）墙体漏水

1.5 本书主要内容

    针对目前钢板剪力墙的发展需求，结合冷弯薄壁型钢结构大力发展的市场趋势，为更好地推广应用冷弯薄壁型钢约束钢板剪力墙结构体系，本书以方钢管混凝土框架-冷弯薄壁型钢约束钢板剪力墙结构体系（图 1.5-1）为研究对象，以探究冷弯薄壁型钢约束钢板剪力墙与周边框架的协同受力、结构的破坏机理、承载和抗震性能等。结合图 1.5-1 可知，方钢管混凝土框架-冷弯薄壁型钢约束钢板剪力墙结构体系具有如下特点：（1）框架柱采用钢管混凝土柱，具有承载力高、延性好及抗震性能好等优点，且外侧钢管可作为混凝土模板与施工支架等使用，具有施工快捷的优点；（2）框架梁采用钢-混凝土组合梁，具有截面高度小、自重轻、延性好等优点，且现场湿作业量减少，施工噪声小，保护环境；（3）抗侧力体系采用冷弯薄壁型钢约束钢板剪力墙，实现结构功能与建筑功能的一体化，在抗侧力性能优越的同时具有良好的保温、隔声、防渗、装饰等建筑功能。

    本书拟通过试验、有限元模拟和理论相结合的方法，对剥离框架影响力的冷弯薄壁型钢约束钢板剪力墙和方钢管混凝土框架-冷弯薄壁型钢约束钢板剪力墙

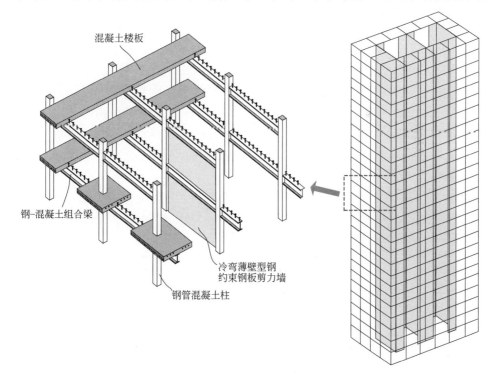

混凝土楼板

钢-混凝土组合梁

冷弯薄壁型钢
约束钢板剪力墙

钢管混凝土柱

图 1.5-1　方钢管混凝土框架-冷弯薄壁型钢约束钢板剪力墙结构体系

结构进行深入的研究和分析。主要研究内容如下：

（1）绪论。介绍本书的研究背景，总结钢板剪力墙类别及研究现状、冷弯薄壁复合墙体力学及保温隔声性能研究、钢板剪力墙工程应用概况，提出结构功能和建筑功能一体化的新型帽形冷弯薄壁型钢约束钢板剪力墙结构，并阐明本书的研究方案。

（2）冷弯薄壁型钢约束钢板纯剪性能试验。设计了 1 个非加劲钢板对比试件和 6 个帽形冷弯薄壁型钢约束钢板试件，对试验的试件设计、加载装置、加载制度和量测方案进行了介绍。结合试验现象及破坏模式，对试验结果（包括滞回曲线、耗能能力、骨架曲线、刚度退化、循环承载力退化等）进行详细分析，对帽形冷弯薄壁型钢约束钢板抗剪性能进行了全面的评价。

（3）冷弯薄壁型钢约束钢板纯剪设计方法。建立有限元模型，针对连接螺栓间距、帽形冷弯薄壁型钢卷边构造、帽形冷弯薄壁型钢约束对数与间距、帽形冷弯薄壁型钢截面设计、钢材材料强度、内嵌钢板的宽高比、高厚比等参数开展大量参数分析，得到其对帽形冷弯薄壁型钢约束钢板结构性能的影响程度与规律，并给出帽形冷弯薄壁型钢约束构造的具体设计建议。

（4）方钢管混凝土框架-冷弯薄壁型钢约束钢板剪力墙结构拟静力试验。设计完成 4 个方钢管混凝土框架-冷弯薄壁型钢约束钢板剪力墙结构试件的拟静力试验，对试件的滞回性能、破坏模式、耗能能力、刚度退化和柱挠曲变形等进行分析。

（5）方钢管混凝土框架-冷弯薄壁型钢约束钢板剪力墙结构设计方法。基于有限元模型，对方钢管混凝土框架与内嵌钢板的相互作用机理、内嵌钢板的应力均匀性进行研究，给出了可以使冷弯薄壁型钢约束钢板剪力墙强度充分发挥的边缘框架的最小刚度需求。结合冷弯薄壁型钢对钢板的屈曲约束形式和屈曲约束机理，提出一种适用于冷弯薄壁型钢约束钢板剪力墙结构的等效斜向交叉支撑简化分析模型，以便于工程设计人员采用。

（6）工程应用及案例。给出了冷弯薄壁型钢约束钢板剪力墙的施工流程和施工构造要求，并以大足城区公共停车场建设项目结构为工程案例，给出了冷弯薄壁型钢约束钢板剪力墙的简要设计过程。

2

冷弯薄壁型钢约束钢板
纯剪性能试验

2.1 试验方案

2.1.1 试件设计

本次试验按照近似 1/3 几何缩尺比例共设计了 7 个试件，帽形冷弯薄壁型钢约束钢板示意图如图 2.1-1 所示。

试件由内嵌钢板和两侧帽形冷弯薄壁型钢通过 M12 高强度螺栓对穿连接，装配组成。为保证帽形冷弯薄壁型钢不参与钢板面内剪切受力变形，只为钢板提供面外屈曲变形约束，内嵌钢板上的连接开孔采用大于连接螺栓杆直径的 $\phi14$ 的圆孔，安装时需进行居中定位。内嵌钢板尺寸全部为 $1080 \times 1080 \times 2.66$（墙板高度 $H \times$ 墙板宽度 $L \times$ 墙板厚度 t，单位：mm），四边分别开 12 个 $\phi25$ 的圆孔与加载装置进行连接，OSB 板尺寸为 $1000 \times 1000 \times 15$（墙板高度 $H \times$ 墙板宽度 $L \times$ 墙板厚度 t，单位：mm）。

试件设计变化的主要参数是帽形冷弯薄壁型钢对数、帽形冷弯薄壁型钢卷边构造、连接螺栓孔径、间距和 OSB 板材设置。试件 NRSP 为非加劲钢板，作为对比试件；设置四对不带卷边构造的帽形冷弯薄壁型钢的钢板试件 BRSP1 与试件 NRSP 对比，考察帽形冷弯薄壁型钢设置对钢板的抗震性能的影响；设置试件 BRSP2 与试件 BRSP1 对比，考察连接螺栓孔径增大对钢板屈曲约束作用的影响；设置试件 BRSP3 与试件 BRSP1 对比，考察卷边构造的增加对钢板屈曲约束作用的影响；设置试件 BRSP4 与试件 BRSP3 对比，考察带卷边构造的帽形冷弯薄壁型钢对数的减少对钢板屈曲约束作用的影响；设置试件 BRSP5 与试件 BRSP4 对比，考察连接螺栓间距对钢板屈曲约束作用的影响；设置试件 BRSP6

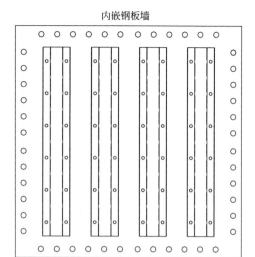

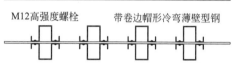

图 2.1-1　帽形冷弯薄壁型钢约束钢板示意图

与试件 BRSP3 对比，考察自攻螺钉连接 OSB 板材的设置对钢板的屈曲约束作用的影响，并观察试验过程中整体结构的适用性能。对于帽形冷弯薄壁型钢卷边构造的设置，主要是考虑到在帽形冷弯薄壁型钢约束钢板结构中，对于内嵌钢板的面外屈曲约束主要是通过帽形冷弯薄壁型钢的强轴截面抗弯刚度来实现。剪切荷载作用下，内嵌钢板产生面外屈曲变形，挤压与其贴合接触的帽形冷弯薄壁型钢的悬伸翼缘，而翼缘作为薄片其面外刚度相对较弱。在翼缘的悬伸端部，设置垂直的高度为 1/3 腹板高度的卷边构造可以提高翼缘和整个帽形冷弯薄壁型钢的面外弯曲刚度，以期加强其对内嵌钢板的屈曲约束作用。

试件详细参数见表 2.1-1，试件钢板及两侧帽形冷弯薄壁型钢详细几何尺寸及构造见图 2.1-2。

试件详细参数　　　　　　　　　　　　　　　　表 2.1-1

编号	约束对数	卷边构造	螺栓孔径(mm)	螺栓间距(mm)	OSB 板材
NRSP	0	—	—	—	—
BRSP1	4	否	14	150	否
BRSP2	4	否	22	150	否
BRSP3	4	是	14	150	否
BRSP4	2	是	14	150	否
BRSP5	2	是	14	100	否
BRSP6	4	是	14	150	是

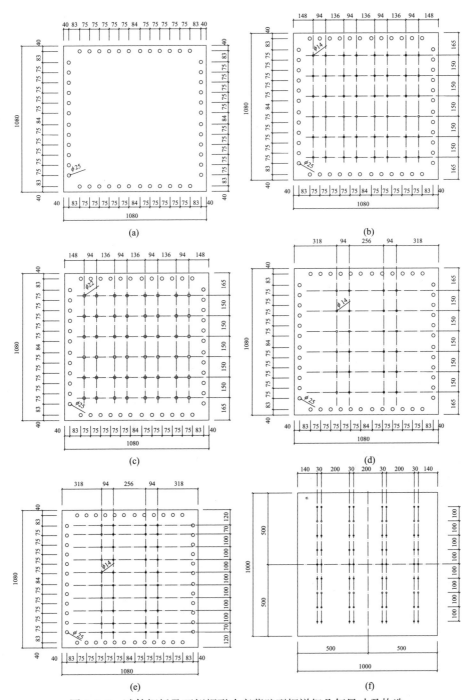

图 2.1-2　试件钢板及两侧帽形冷弯薄壁型钢详细几何尺寸及构造

（a）试件 NRSP 钢板；（b）试件 BRSP1、BRSP3、BRSP6 钢板；（c）试件 BRSP2 钢板；（d）试件 BRSP4
钢板；（e）试件 BRSP5 钢板；（f）试件 BRSP6 钢板中 OSB 板与自攻螺钉布置

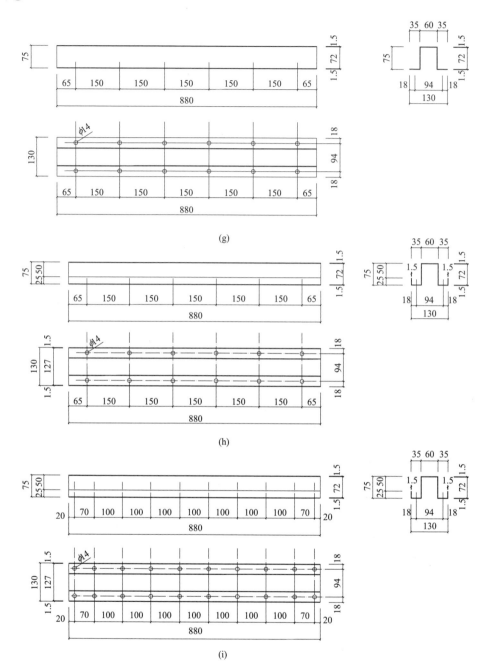

图 2.1-2 试件钢板及两侧帽形冷弯薄壁型钢详细几何尺寸及构造（续）

（g）试件 BRSP1、BRSP2 帽形冷弯薄壁型钢；（h）试件 BRSP3、BRSP4、BRSP6 带卷边构造的
帽形冷弯薄壁型钢；（i）试件 BRSP5 带卷边构造的帽形冷弯薄壁型钢

内嵌钢板全部采用 Q235B 钢材，帽形冷弯薄壁型钢全部采用 Q345B 钢材。由于钢板原材料尺寸限制，试件内嵌钢板需分两批制作，分别开展材料力学性能试验。材料力学性能试验的标准试件从同批钢材上随机抽取，每组 3 件，按照国家标准《金属材料 拉伸试验 第 1 部分：室温试验方法》GB/T 228.1—2021 的有关规定进行拉伸试验，实测得到内嵌钢板和帽形冷弯薄壁型钢钢材的屈服强度 f_y、极限强度 f_u 平均值（单位：MPa）如表 2.1-2 所示。本次钢材力学性能试验的结果将用于后文试验结果数据的标准化处理和精细化有限元模型材料本构输入。

实测得到内嵌钢板和帽形冷弯薄壁型钢钢材的屈服强度 f_y、极限强度 f_u 平均值（单位：MPa）

表 2.1-2

编号	屈服强度 f_y	极限强度 f_u
NRSP 钢板		
BRSP1 钢板	321.67	463.67
BRSP2 钢板		
BRSP3 钢板		
BRSP4 钢板		
BRSP5 钢板	303.67	439.33
BRSP6 钢板		
BRSP1 帽形冷弯薄壁型钢	427.33	551.00
BRSP2 帽形冷弯薄壁型钢	420.00	539.67
BRSP3 帽形冷弯薄壁型钢	425.67	550.00
BRSP4 帽形冷弯薄壁型钢	404.00	541.33
BRSP5 帽形冷弯薄壁型钢		
BRSP6 帽形冷弯薄壁型钢	430.67	556.00

2.1.2 加载装置

本次试验采用自主设计的四边铰接可更换式剪切加载装置，试验加载装置如图 2.1-3 所示。

加载装置整体竖向放置，顶梁、两边立柱和底座采用销轴连接形成剪切机构；试件四边采用 12 颗 10.9 级的 M24 摩擦型高强度螺栓分别与顶梁、两边立柱和底座上的鱼尾板进行连接，可以防止试件与装置鱼尾板之间的滑移，同时满足安装精度控制，也便于试件更换；顶部水平荷载由一台行程 ±300mm 的 1000kN 电液伺服水平作动器提供，模拟往复地震作用；装置顶梁采用 4 根贯穿的 12.9 级高强度螺杆与水平作动器端部单向铰连接，水平作动器另一端连接到试验室竖直反力墙上；装置底座在竖直方向上采用 8 根预应力锚杆固定在试验室

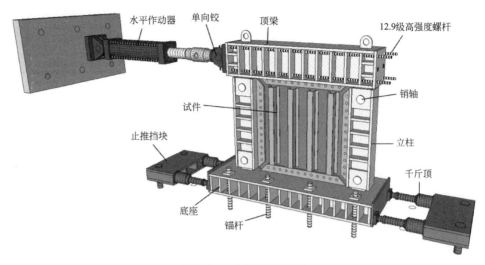

图 2.1-3　试验加载装置

刚性地面上，每根锚杆张拉 400kN 预应力，在水平方向上通过每端 2 个千斤顶和止推挡块进行固定，满足试验过程中底座固结的约束条件。

　　试验正式开始前，对加载装置开展了不安装试件的空推测试（图 2.1-4）。测试一周 ±36mm 位移内装置的反力，得到空推测试的荷载-位移曲线，如图 2.1-5 所示，装置最大反力绝对值为 1.19 kN，远小于钢板极限承载力试验值，加载装置自身反力可以忽略不计。

　　该套加载装置可以满足剥离钢板结构中边缘框架的抗侧力贡献和四边剪切固结约束的加载要求，重点研究内嵌钢板在往复水平地震作用下的受力变形行为和帽形冷弯薄壁型钢对内嵌钢板的屈曲约束作用。

图 2.1-4　空推测试

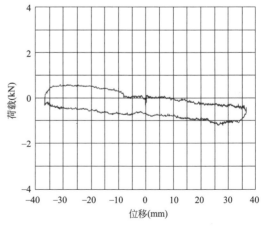

图 2.1-5　空推测试的荷载-位移曲线

2.1.3 加载制度

本试验采用拟静力加载的方式进行，所有试件均施加拟静力往复剪切荷载，先推后拉。加载制度依据《建筑抗震试验规程》JGJ/T 101—2015，采用荷载-位移双控制的方法：初始预加载 50kN，核查仪器工作状态是否正常；结构屈服前采用荷载增量控制，初始值 100kN，每级增量 100kN，接近屈服时荷载增量减小为 50kN，每级循环 1 次；结构整体屈服后采用位移增量控制，以屈服位移的倍数作为依次加载级，每级循环 3 次，直至试件最终破坏，承载力下降到极限值的 85％或不能继续加载为止，加载制度如图 2.1-6 所示。

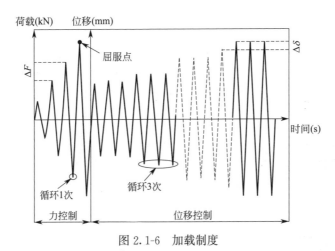

图 2.1-6　加载制度

2.1.4 量测方案

试验中所有试件均采用如图 2.1-7 所示的量测方案。量测方案分为力的量测和位移的量测。力传感器设置于四边铰接可更换式剪切加载装置顶梁上单向铰与电液伺服水平作动器之间，采集记录试验过程中对试件施加的荷载 F。位移的量测均采用线性差动变压器式传感器位移计 LVDT（Linear Variable Differential Transformer）。位移计 1 与位移计 2 都设置在顶梁的右端，竖向位置上位于顶梁中间，水平方向上位于距离顶梁中轴线左右各 100mm 处，两者取平均值可以计算得到顶梁的水平位移 Δ，除以层高 h，进而可以得到钢板的层间位移角 $\theta=\Delta/h$，两者差值除以间隔距离 100mm 可以计算得到顶梁的水平转角。位移计 3 与位移计 4，分别设置于剪切加载装置左右两立柱中轴线位置，两者取平均值可以计算得到顶梁的竖向位移，两者差值除以间隔距离可以计算得到顶梁的竖向转角。

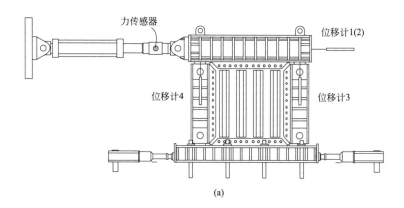

(a)

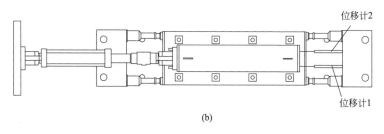

(b)

图 2.1-7　量测方案

（a）正视图；（b）俯视图

2.2　试验现象

2.2.1　试件 NRSP

荷载增量控制加载阶段，试件 NRSP 钢板处于弹性工作状态，在 ±200kN 荷载级之前，几乎没有任何明显现象。加载至 ±250kN 的过程中，试件发出轻微振动声响，类似鼓声，从侧面可以看出钢板上划线微微弯曲，钢板开始出现轻微面外鼓曲变形 [图 2.2-1(a)]，卸载至零点附近，钢板面外鼓曲消失，变形恢复。随着荷载的增加，钢板面外鼓曲变形程度加大，振动声响也加大。加载至 ±350kN，钢板沿 45°方向形成拉力带 [图 2.2-1(b)]。后续随着荷载逐渐加大，钢板面外变形程度加大，变形模态由单波型向多波型转化，滞回曲线开始轻微张开。加载至 ±550kN 时，曲线切线刚度明显减小，试件从侧面可以看到三条拉力带 [图 2.2-8(c)]，判断试件进入屈服，屈服位移 δ_y 约为 4mm，随后进入位移加载阶段。

位移增量控制加载阶段，随着加载位移增大，试件三条拉力带越发明显 [加载至 $3\delta_y$ 时变形形态如图 2.2-1 （d）所示]。加载至 $3.5\delta_y$ 第二圈正向时，试件 NRSP 钢板在正负向拉力带交叉处钢材开始发白，出现轻微折痕，角部钢板鼓曲严重［图 2.2-1(e)］。随着加载位移继续增大，折痕数量增多，折痕变形加大，加载至 $5\delta_y$ 第二圈正向时，钢板中部开始出现折痕穿透裂纹，裂纹形状呈现 X 形［图 2.2-1(f)］，此时卸载到位移零点，钢板存在较大面外 X 形残余变形［图 2.2-1(g)］。随着加载位移增大，试件钢板穿透裂纹数量、长度、宽度都不断增加。加载至 $6\delta_y$ 第三圈完成时，试件在三道拉力带交叉和角部处一共出现十余道穿透裂纹［图 2.2-1(h)］。加载至 $6.5\delta_y$ 第一圈负向时，试件面外变形过大，不能够继续加载，此时试件滞回曲线开始出现下降段，试验停止。

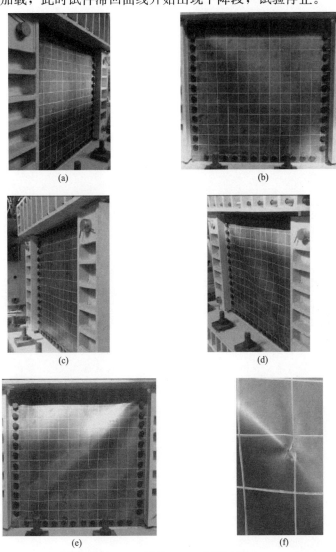

图 2.2-1　试件 NRSP 试验现象

(a) 轻微面外鼓曲变形；(b) 钢板沿 45°方向形成拉力带；(c) 三条拉力带；(d) 加载至 $3\delta_y$ 时变形形态；
(e) 加载至 $3.5\delta_y$ 第二圈正向时试件变形形态；(f) 加载至 $5\delta_y$ 第二圈正向时试件变形形态

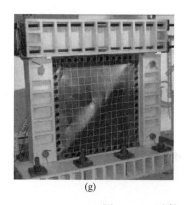
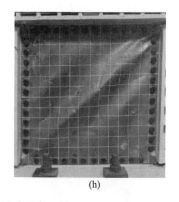

(g)   (h)

图 2.2-1　试件 NRSP 试验现象（续）

（g）卸载到位移零点钢板存在面外 X 形残余变形；（h）加载至 $6\delta_y$ 第三圈完成时试件变形形态

　　试件最终破坏模式为钢板剪切拉力带产生过大面外屈曲，在往复荷载下钢板拉力带折痕撕裂破坏，试件 NRSP 最终破坏形态如图 2.2-2 所示。

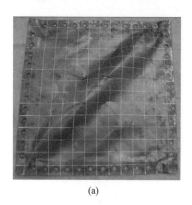
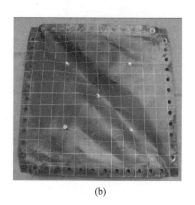

(a)   (b)

图 2.2-2　试件 NRSP 最终破坏形态

（a）南面；（b）北面

2.2.2　试件 BRSP1

　　荷载增量控制加载阶段初期，试件 BRSP1 几乎没有任何明显现象。加载至 300kN 正向，试件开始出现轻微振动声响，观察判断为帽形冷弯薄壁型钢与钢板之间相互滑动产生的振动声响。加载至 650kN，滞回曲线切线刚度减小明显，试件右上角角部出现轻微挤压鼓曲〔图 2.2-3（a）〕，判断试件进入屈服，屈服位移 δ_y 约为 4mm，随后进入按位移加载阶段。

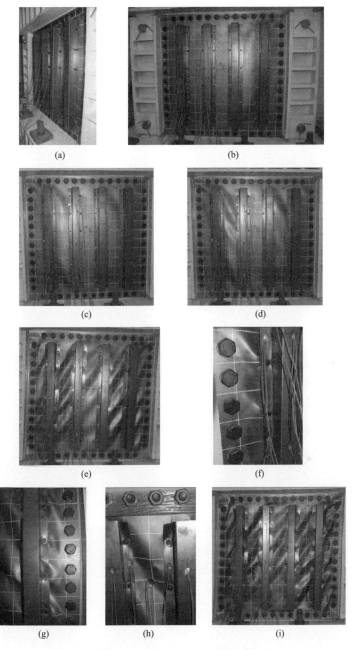

图 2.2-3 试件 BRSP1 试验现象

（a）角部出现轻微挤压鼓曲；（b）加载至 $2\delta_y$ 第二圈正向时试件变形形态；（c）加载至 $3\delta_y$ 第二圈负向时试件变形形态；（d）加载至 $4\delta_y$ 第一圈负向时试件变形形态；（e）加载至 $6\delta_y$ 第一圈正向时试件变形形态；（f）左侧边排螺栓孔钢板撕裂；（g）右侧边排螺栓孔钢板撕裂；（h）钢板折痕开裂；（i）加载至 $8\delta_y$ 第三圈正向时试件变形形态

位移增量控制加载阶段，初期试件 BRSP1 钢板位于帽形冷弯薄壁型钢约束件之间部位开始出现面外屈曲变形，并逐渐加大。加载至 $2\delta_y$ 第二圈正向时，钢板除在右上角挤压鼓曲外，新增位于右侧两道帽形冷弯薄壁型钢约束件之间的面外鼓曲 [图 2.2-3(b)]，鼓曲方向与水平方向夹角远大于 $45°$，鼓曲范围延伸布满帽形冷弯薄壁型钢约束件竖向长度，原通长斜向对角拉力带被竖向布置的冷弯薄壁型钢约束件阻断。加载至 $3\delta_y$ 第二圈负向时，四对冷弯薄壁型钢约束件三个区间中，两边区间都产生了斜向鼓曲 [图 2.2-3(c)]，钢板与帽形冷弯薄壁型钢约束件之间产生较大滑移，声响巨大。加载至 $4\delta_y$ 第一圈负向时，两边区间斜向鼓曲由一道转变为三道，面外变形加剧 [图 2.2-3(d)]。加载至 $6\delta_y$ 第一圈正向时，试件中间区间也开始出现明显斜向鼓曲，但变形程度没有两边区间严重，钢板斜向鼓曲交叉处开始出现折痕 [图 2.2-3(e)]。加载至 $7\delta_y$ 第三圈负向时，试件两边排连接螺栓孔处钢板开始出现 X 形撕裂，同时钢板斜向鼓曲交叉处折痕也开裂 [图 2.2-3(f)～图 2.2-3(h)]，试件承载力开始下降。加载至 $8\delta_y$ 第三圈正向时，试件边排连接螺栓孔处钢板 X 形撕裂和斜向鼓曲交叉处折痕撕裂扩大 [图 2.2-3(i)]，试件承载力下降至峰值的 85%，试验结束。

试件 BRSP1 钢板最终破坏形态如图 2.2-4(a)、图 2.2-4(b) 所示，钢板被帽

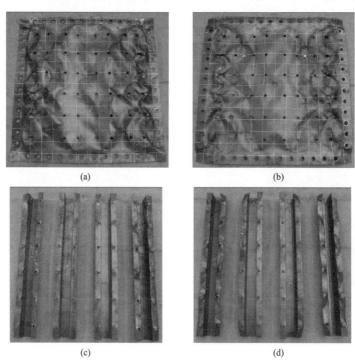

图 2.2-4 试件 BRSP1 最终破坏形态

(a) 钢板南面；(b) 钢板北面；(c) 南面帽形冷弯薄壁型钢；(d) 北面帽形冷弯薄壁型钢

形冷弯薄壁型钢覆盖处面外变形相对较小，几乎处于平面受力变形状态，在两个约束件之间的部分钢板面外变形较大，呈现局部拉力带和 X 褶皱。试件最终破坏表现为边排连接螺栓孔处钢板 X 形撕裂和斜向鼓曲交叉处折痕撕裂破坏。帽形冷弯薄壁型钢最终破坏形态如图 2.2-4(c)、图 2.2-4(d) 所示，设置在两边的帽形冷弯薄壁型钢约束件翼缘变形相对中间位置的约束件较大；帽形冷弯薄壁型钢约束件两端部都存在较大折弯变形；钢板存在局部拉力带的位置和帽形冷弯薄壁型钢上间隔连接螺栓的中部翼缘位置变形较大。

2.2.3 试件 BRSP2

荷载增量控制加载阶段初期，试件 BRSP2 没有明显试验现象。加载至 350kN 正向，试件开始发出轻微声响，判断为帽形冷弯薄壁型钢与钢板之间相互滑动产生的振动声响。加载至 600kN，滞回曲线切线刚度减小明显，试件钢板角部出现轻微挤压鼓曲，判断试件进入屈服，屈服位移 δ_y 约为 4mm，随后进入按位移加载阶段。

位移增量控制加载阶段，与试件 BRSP1 类似，加载至 $2\delta_y$ 第一圈正向时，钢板除在右上角挤压鼓曲外，位于右侧两冷弯薄壁型钢约束件之间出现面外鼓曲 [图 2.2-5(a)]，帽形冷弯薄壁约束型钢端部出现弯折 [图 2.2-5(b)]，屈曲约束作用开始体现。加载至 $3\delta_y$ 第一圈负向时，钢板两边区间斜向鼓曲由一道转变为三道，局部面外变形凸显 [图 2.2-5(c)]。加载至 $4\delta_y$ 第二圈正向时，试件钢板中间区间开始出现轻微斜向鼓曲，两边区间局部面外变形加剧 [图 2.2-5(d)]。加载至 $6\delta_y$ 第二圈正向时，试件钢板最右排中间孔位边缘出现轻微裂缝 [图 2.2-5(e)]，加载至 $6\delta_y$ 第二圈负向时，试件钢板最左排中间以及下部孔位周边出现轻微裂缝。开裂之后，撕裂裂缝宽度和长度范围不断增加，试件承载力开始降低。加载至 $8\delta_y$ 第一圈正向时，试件钢板边排连接螺栓孔处钢板 X 形和斜向鼓曲交叉处折痕撕裂扩大延伸 [图 2.2-5(f)]，循环到第三圈，钢板撕裂裂缝出现贯通，试件承载力下降至峰值的 85%，试验结束。试件 BRSP2 与试件 BRSP1 试验现象类似，同类现象发生的加载圈次提前，可以看出扩大螺栓孔对结构抗震性能有轻微削弱。

试件 BRSP2 钢板最终破坏形态如图 2.2-6 (a)、图 2.2-6 (b) 所示，与试件 BRSP1 类似，试件钢板被帽形冷弯薄壁型钢覆盖处面外变形相对较小，在两个约束件之间的部分钢板面外变形较大，呈现局部拉力带和 X 形褶皱。试件最终破坏表现为钢板边排连接螺栓孔处 X 形撕裂严重，并且存在相互贯穿破坏，扩大连接孔对试件钢板截面削弱较大从而带来后期承载力削弱。帽形冷弯薄壁型钢最终破坏形态如图 2.2-6 (c)、图 2.2-6 (d) 所示，与试件 BRSP1 类似。

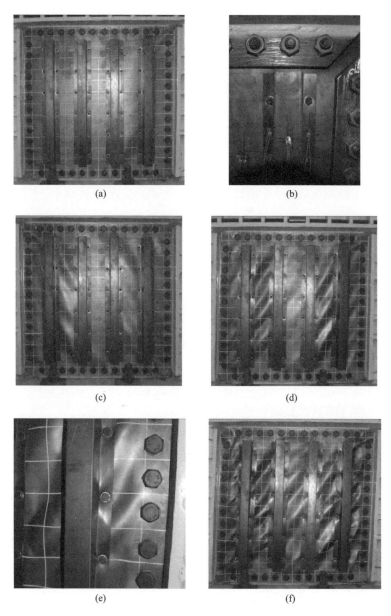

图 2.2-5 试件 BRSP2 试验现象

（a）加载至 $2\delta_y$ 第一圈正向时试件变形形态；（b）帽形冷弯薄壁约束型钢端部出现弯折；

（c）加载至 $3\delta_y$ 第一圈负向时试件变形形态；（d）加载至 $4\delta_y$ 第二圈正向时试件变形形态；

（e）加载至 $6\delta_y$ 第二圈正向时试件变形形态；（f）加载至 $8\delta_y$ 第一圈正向时试件变形形态

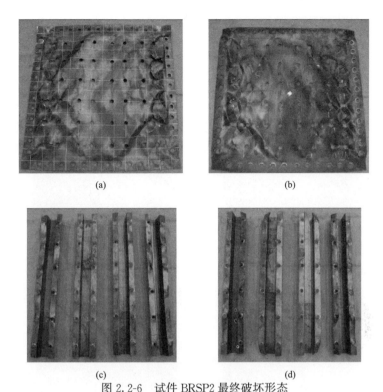

(a)   (b)

(c)   (d)

图 2.2-6 试件 BRSP2 最终破坏形态

（a）钢板南面；（b）钢板北面；（c）南面帽形冷弯薄壁型钢；（d）北面帽形冷弯薄壁型钢

2.2.4 试件 BRSP3

荷载增量控制加载阶段初期，试件 BRSP3 没有明显试验现象，后续加载过程中也出现带卷边构造的帽形冷弯薄壁型钢与钢板之间的滑移振动声响。加载至 650kN，滞回曲线切线刚度减小明显，试件钢板角部出现轻微挤压鼓曲，判断试件进入屈服，屈服位移 δ_y 约为 4mm，随后进入按位移加载阶段。

位移增量控制加载阶段，加载至 $2\delta_y$ 第一圈循环中，试件 BRSP3 带卷边构造的帽形冷弯薄壁型钢约束件在端部出现 4 处卷边构造翼缘弯折 [图 2.2-7(a)]，体现了带卷边构造的帽形冷弯薄壁型钢约束件对钢板面外屈曲的约束作用。后续加载中试件 BRSP3 钢板的变形过程与试件 BRSP1 类似，不同之处在于，试件 BRSP3 钢板在中间两约束件之间的中部区间，全过程中几乎没有面外屈曲，处于平面受力剪切变形状态，其余部位钢板面外变形也相对试件 BRSP1 有所减小，体现了卷边构造的增加对钢板面外屈曲变形约束具有良好的效果。加载至 $7\delta_y$ 第一圈负向时，试件 BRSP3 钢板左侧边排螺栓孔附近和左边两约束件之间区间出现钢板撕裂 [图 2.2-7(b)]，承载力开始下降。加载至 $8\delta_y$ 第三圈负向时，钢板螺栓孔附近撕裂裂缝相互贯穿，约束件卷边构造的翼缘变形扭曲 [图 2.2-7(c)]，试件承载力下降至峰值的 85%，试验结束。

图 2.2-7　试件 BRSP3 试验现象

（a）加载至 $2\delta_y$ 第一圈循环中试件变形形态；（b）加载至 $7\delta_y$ 第一圈负向时试件变形形态；

（c）加载至 $8\delta_y$ 第三圈负向时试件变形形态

试件 BRSP3 钢板最终破坏形态如图 2.2-8（a）、图 2.2-8（b）所示，与试件 BRSP1 相比，试件 BRSP3 钢板面外变形相对较小，中部基本无面外变形，但试件钢板边排螺栓孔附近撕裂裂缝贯穿明显。带卷边构造的帽形冷弯薄壁型钢最终破坏形态如图 2.2-8（c）、图 2.2-8（d）所示，卷边构造端部受力变形扭曲明显，平行于钢板面的翼缘变形有所减小，端部弯折现象也存在。

2.2.5　试件 BRSP4

荷载增量控制加载阶段初期，试件 BRSP4 没有明显试验现象，后续加载过程中出现带卷边构造的帽形冷弯薄壁型钢与钢板间的滑移振动声响。加载至 500kN 时，试件 BRSP4 钢板右侧出现两道轻微面外鼓曲 [图 2.2-9(a)]。加载至 600kN 正向时，滞回曲线切线刚度减小明显，试件钢板角部出现轻微挤压鼓曲，右侧两道鼓曲越加明显，左侧也出现轻微面外变形，判断试件进入屈服，屈服位

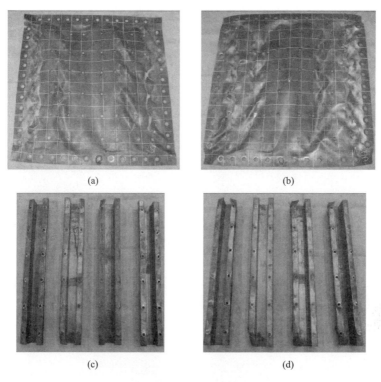

图 2.2-8　试件 BRSP3 最终破坏形态
（a）钢板南面；（b）钢板北面；（c）南面带卷边构造的帽形冷弯薄壁型钢；
（d）北面带卷边构造的帽形冷弯薄壁型钢

移 δ_y 约为 4mm，随后进入按位移加载阶段。

位移增量控制加载阶段，加载至 $2\delta_y$ 第一圈正向时，试件 BRSP4 钢板两边区间面外屈曲变形较大，带卷边构造的帽形冷弯薄壁型钢卷边构造出现弯折 [图 2.2-9（b）]，同时伴随滑移振响。加载至 $3\delta_y$ 第一圈负向时，试件 BRSP4 钢板两边区间出现三道局部拉力带，中部区间也产生面外屈曲变形，带卷边构造的帽形冷弯薄壁型钢靠近连接螺栓附近卷边构造出现弯折变形 [图 2.2-9（c）]。加载至 $4\delta_y$ 第一圈正向时，钢板中间区间也出现三道局部拉力带，两边区间拉力带交叉处开始出现发白的交叉褶皱，带卷边构造的帽形冷弯薄壁型钢约束件端部弯折变形加大 [图 2.2-9（d）]。加载至 $5\delta_y$ 第三圈负向时，试件 BRSP4 钢板左侧区间中部交叉褶皱开裂，右侧区间中部和下部交叉褶皱开裂 [图 2.2-9（e）、图 2.2-9（f）]。加载至 $6\delta_y$ 第三圈负向时，试件 BRSP4 钢板各区间内局部拉力带数量、带卷边构造冷弯薄壁型钢约束件端部弯折数量增多，交叉褶皱呈 X 形撕裂，撕裂位置在边排连接螺栓外侧，两边区间的中部，裂缝数量和宽度不断加大 [图 2.2-9（g）]。随着加载位移的增大，试件钢板变形不断增加，X 形撕裂不断扩展，试件 BRSP4 承载能力开始下降，加载至 $8\delta_y$ 第三圈负向时，钢板撕裂严重 ［图 2.2-9(h)］，承载力下降至峰值的 85%，试验结束。

试件 BRSP4 钢板最终破坏形态如图 2.2-10(a)、图 2.2-10(b) 所示，与试件 BRSP3 相比，钢板面外变形大，钢板撕裂位置不在边排螺栓孔处，仅存在拉力带交叉折痕撕裂破坏，X 形撕裂更为严重。试件 BRSP4 带卷边构造的帽形冷弯薄壁型钢最终破坏形态如图 2.2-10(c)、图 2.2-10(d) 所示，受力变形情况类似

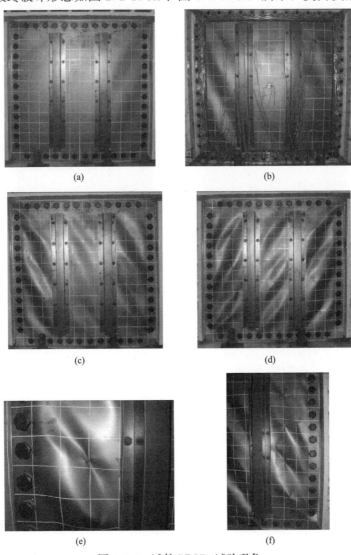

图 2.2-9　试件 BRSP4 试验现象

（a）右侧出现两道轻微面外鼓曲；（b）加载至 $2\delta_y$ 第一圈正向时试件变形形态；（c）加载至 $3\delta_y$ 第一圈
负向时试件变形形态；（d）加载至 $4\delta_y$ 第一圈正向时试件变形形态；（e）左侧区间中部交叉褶皱开裂；
（f）右侧区间下部交叉褶皱开裂

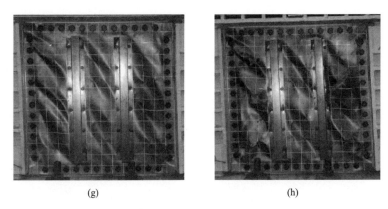

图 2.2-9 试件 BRSP4 试验现象（续）

（g）加载至 $6\delta_y$ 第三圈负向时试件变形形态；（h）加载至 $8\delta_y$ 第三圈负向时试件变形形态

BRSP3，端部弯折现象也存在。

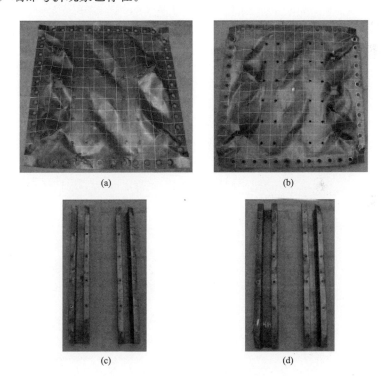

图 2.2-10 试件 BRSP4 最终破坏形态

（a）钢板南面；（b）钢板北面；（c）南面带卷边构造的帽形冷弯薄壁型钢；

（d）北面带卷边构造的帽形冷弯薄壁型钢

2.2.6 试件 BRSP5

荷载增量控制加载阶段初期，试件 BRSP5 没有明显试验现象。与 BRSP4 相同，加载至 500kN 时，钢板右侧出现两道轻微面外鼓曲［图 2.2-11(a)］。加载至 600kN 正向时，滞回曲线切线刚度减小明显，试件角部出现轻微挤压鼓曲，右侧两道鼓曲明显，左侧出现轻微面外变形，判断试件进入屈服，屈服位移 δ_y 约为 4mm，随后进入按位移加载阶段。

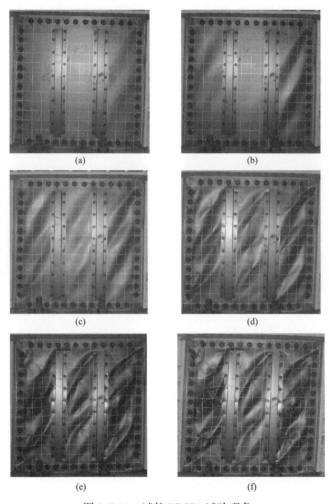

(a) (b)

(c) (d)

(e) (f)

图 2.2-11 试件 BRSP5 试验现象

（a）右侧出现两道轻微面外鼓曲；（b）加载至 $2\delta_y$ 第一圈正向时试件变形形态；（c）加载至 $3\delta_y$ 第一圈正向时试件变形形态；（d）加载至 $5\delta_y$ 第一圈正向时试件变形形态；（e）加载至 $7\delta_y$ 第三圈正向时试件变形形态；（f）加载至 $8\delta_y$ 第三圈正向时试件变形形态

位移增量控制加载阶段，加载至 $2\delta_y$ 第一圈正向时，试件 BRSP5 钢板两边区间面外屈曲变形较大，对比试件 BRSP4，带卷边构造的帽形冷弯薄壁型钢在端部设置有连接螺栓，其端部卷边构造未出现弯折［图 2.2-11(b)］。加载至 $3\delta_y$ 第一圈正向时，试件 BRSP5 钢板两边区间出现三道局部拉力带，中部区间也产生两道局部拉力带，对比试件 BRSP4，加密连接螺栓间距，卷边构造未出现弯折变形［图 2.2-11(c)］。加载至 $5\delta_y$ 第一圈正向时，试件 BRSP5 钢板拉力带交叉处折痕明显，带卷边构造的冷弯薄壁型钢卷边构造在对拉螺栓连接处出现弯折［图 2.2-11(d)］。试件 BRSP5 加载至 $6\delta_y$ 第一圈正向时，钢板左下角褶皱开始出现撕裂，加载 $6\delta_y$ 第一圈负向时，钢板出现多处撕裂穿透。加载至 $7\delta_y$ 第三圈正向时，试件 BRSP5 钢板两边区间交叉褶皱 X 形撕裂不断扩大，中间区间呈现斜向撕裂裂缝［图 2.2-11(e)］。加载至 $8\delta_y$ 第三圈正向时，试件 BRSP5 钢板撕裂严重［图 2.2-11(f)］，承载力下降至峰值的 85%，试验结束。

试件 BRSP5 钢板最终破坏形态如图 2.2-12（a）、图 2.2-12（b）所示，与试件 BRSP4 相比，钢板撕裂破坏模式相同，钢板撕裂位置都不在边排螺栓孔处，

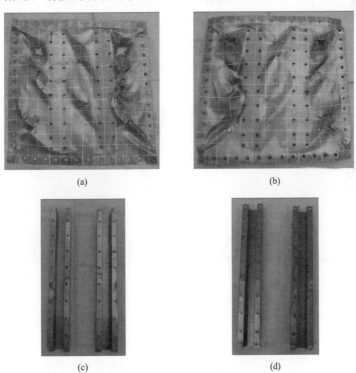

（a）　　　　　　　　　　　　（b）

（c）　　　　　　　　　　　　（d）

图 2.2-12　试件 BRSP5 最终破坏形态

（a）钢板南面；（b）钢板北面；（c）南面带卷边构造的帽形冷弯薄壁型钢；
（d）北面带卷边构造的帽形冷弯薄壁型钢

仅存在拉力带交叉折痕撕裂破坏，X形撕裂严重。带卷边构造的帽形冷弯薄壁型钢最终破坏形态如图 2.2-12（c）、图 2.2-12（d）所示，与试件 BRSP4 相比，加密连接螺栓间距，带卷边构造的帽形冷弯薄壁型钢约束件整体变形较小，端部设置连接螺栓，可以有效防止其端部弯折。

2.2.7 试件 BRSP6

由于试件 BRSP6 被面层 OSB 板覆盖，内部钢板与带卷边构造的帽形冷弯薄壁型钢在加载过程中的试验现象不可见。荷载增量控制加载阶段初期，试件 BRSP6 没有明显试验现象。加载至 300kN 时，试件 BRSP6 发出轻微响声，判断为钢板与带卷边构造的帽形冷弯薄壁型钢之间相对滑动产生的声响。加载至 600kN 正向时，滞回曲线切线刚度减小明显，判断试件进入屈服，屈服位移 δ_y 约为 4mm，随后进入按位移加载阶段。

位移增量控制加载阶段，随着加载位移的增大，试件 BRSP6 发出声响逐渐加大。加载至 $4\delta_y$ 第一圈负向时，可以观察到 BRSP6 的面层 OSB 板与内嵌钢板之间产生面内相对转动 [图 2.2-13（a）]。加载至 $5\delta_y$ 第一圈正向时，可以观察到，由于试件 BRSP6 内部钢板面外变形，引起带卷边构造的帽形冷弯薄壁型钢产生移动，带动 OSB 板产生面外变形，板右上角明显高出装置平面 [图 2.2-13（b）]，同时伴随有自攻螺钉与 OSB 板木材挤压声响。加载至 $8\delta_y$ 第三圈负向时，承载力下降至峰值的 85%，试验结束。

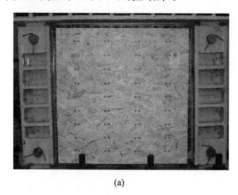

(a) (b)

图 2.2-13 试件 BRSP6 试验现象

（a）面层 OSB 板与内嵌钢板之间产生面内相对转动；（b）加载至 $5\delta_y$ 第一圈正向时 OSB 板产生面外变形

试件 BRSP6 拆下面层 OSB 板，内部钢板与带卷边构造的帽形冷弯薄壁型钢最终破坏形态如图 2.2-14(a) 所示，拆下带卷边构造的帽形冷弯薄壁型钢约束件的钢板最终破坏形态如图 2.2-14(b) 所示，钢板的破坏为边排螺栓孔附近和交叉褶皱处产生 X 形撕裂。与试件 BRSP3 相比，增加 OSB 板面层，钢板中间区间变形相对于试件 BRSP3 稍大，而边排撕裂贯通程度稍小，整体钢板面外变形分布相对均匀。

带卷边构造的帽形冷弯薄壁型钢最终破坏形态如图 2.2-14(c)、图 2.2-14(d)所示,与试件 BRSP3 带卷边构造的帽形冷弯薄壁型钢变形情况类似。帽形冷弯薄壁型钢自攻螺钉连接孔位处翼缘钢材完好,两边排带卷边构造的帽形冷弯薄壁型钢产生纵向的弯曲变形,分析是来自 OSB 板后期参与结构面内剪切变形,产

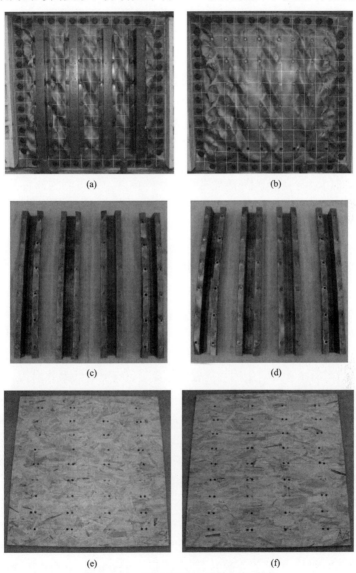

图 2.2-14　试件 BRSP6 最终破坏形态

（a）拆下面层 OSB 板内部钢板与带卷边构造的帽形冷弯薄壁型钢最终破坏形态；（b）拆下带卷边构造的
帽形冷弯薄壁型钢约束条件的钢板最终破坏形态；（c）南面带卷边构造的帽形冷弯薄壁型钢；
（d）北面带卷边构造的帽形冷弯薄壁型钢；（e）南侧 OSB 板；（f）北侧 OSB 板

生的作用反力施加在带卷边构造的帽形冷弯薄壁型钢上所产生变形。拆下的面层 OSB 板如图 2.2-14（e）、图 2.2-14（f）所示，板面结构完好，仅自攻螺钉处孔洞有轻微扩大，说明其具备地震作用下的适用性。

2.2.8　损伤破坏模式总结

不同约束构造的试件，在推拉往复加载过程中，呈现不同的钢板撕裂损伤破坏模式，大致分为 3 种形式，分别是对角通长拉力带交叉褶皱撕裂破坏、局部斜向鼓曲拉力带交叉褶皱撕裂破坏，螺栓孔边缘 X 形撕裂破坏。

非加劲钢板试件 NRSP 损伤破坏模式为对角通长拉力带交叉褶皱撕裂破坏。随着剪切加载滞回圈数增加，试件 NRSP 钢板受到沿 45°斜向的拉应力作用，形成主拉力带，并由一条发展为多条。卸载至位移零点，试件 NRSP 钢板在两个对角方向上存在较大面外 X 形残余变形，最终试件在正负向拉力带交叉处钢材出现多处折痕撕裂破坏，钢板面外变形严重不能继续加载。

试件 BRSP1 由于设置帽形冷弯薄壁型钢约束件，钢板原先通长的斜向拉力带被阻断，转变为帽形冷弯薄壁型钢之间区域的局部斜向鼓曲拉力带。试件 BRSP1 钢板两边区间变形大于中间区间，最终呈现出边排连接螺栓孔处钢板 X 形撕裂和局部斜向鼓曲拉力带交叉褶皱撕裂破坏。试件 BRSP2 与试件 BRSP1 破坏模式基本相同，连接螺栓孔径的增大，使试件极限承载力略有降低，最终破坏状态下，钢板螺栓孔 X 形撕裂更为严重，且存在 X 形撕裂裂缝贯穿现象。试件 BRSP3 相比试件 BRSP1 增加了帽形冷弯薄壁型钢的卷边构造，帽形冷弯薄壁型钢翼缘得到加强，其最终残余变形有所减小。试件 BRSP3 钢板中部区间全过程中几乎没有面外屈曲，钢板整体面外变形也有所减小，但试件边排螺栓孔附近撕裂裂缝贯穿明显，体现了带卷边构造的帽形冷弯薄壁型钢对钢板面外变形具有良好约束效果。

试件 BRSP4 破坏位置在两边区域内，仅存在局部斜向鼓曲拉力带交叉褶皱撕裂破坏，相比试件 BRSP3，带卷边构造的帽形冷弯薄壁型钢对数减少，钢板面外变形程度和撕裂程度更严重。试件 BRSP5 与试件 BSRP4 破坏情况类似，加密连接螺栓孔间距对钢板面外变形约束效果提升不明显，但发现连接螺栓从端部开始设置可以有效避免帽形冷弯薄壁型钢端部弯折破坏。

试件 BRSP6 外贴 OSB 板材，试验过程中可以观察到 OSB 板材伴随带卷边构造的帽形冷弯薄壁型钢移动所产生的面内转动和面外变形。试件 BRSP6 钢板的损伤破坏模式与试件 BRSP3 类似，最终呈现出边排连接螺栓孔处钢板 X 形撕裂和局部斜向鼓曲拉力带交叉褶皱撕裂破坏，但钢板中间区域变形相对于试件 BRSP3 稍大，边排撕裂贯通程度稍小，整体钢板面外变形分布相对均匀，试验结束 OSB 板材板面结构完好，说明其具备地震作用下的适用性。各试件最终破坏形态对比如图 2.2-15 所示。

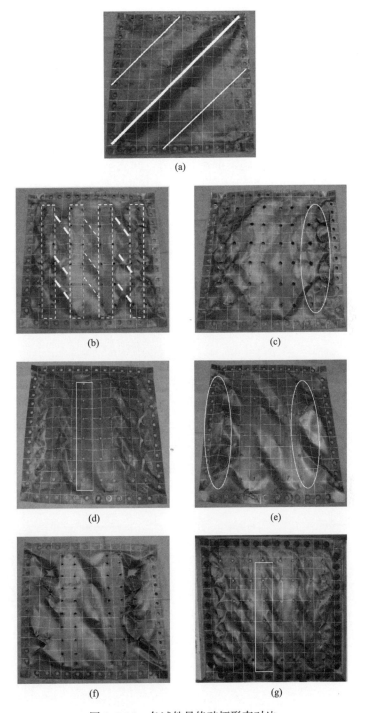

图 2.2-15　各试件最终破坏形态对比

（a）NRSP；（b）BRSP1；（c）BRSP2；（d）BRSP3；（e）BRSP4；（f）BRSP5；（g）BRSP6

2.3 试验结果分析

2.3.1 剪力-层间位移角滞回曲线

全部试件试验得到的剪力-层间位移角（F-Δ/h）滞回曲线如图 2.3-1 所示。从图中可以看出，所有试件都经历了弹性阶段、弹塑性变形阶段直到最后破坏阶段；试件屈服后都表现出了稳定的承载能力，卸载刚度近似等于加载刚度。

未加任何约束构造的非加劲钢板试件 NRSP，屈服后其承载能力稳定但剪力-层间位移角滞回曲线存在明显捏缩现象。加载位移到达一个加载圈的最大值后，卸载后再反向加载，剪力-层间位移角滞回曲线出现平段，刚度为零，恢复到位移零点后再加载，试件刚度再缓慢提升。这是由于试件 NRSP 钢板产生了较大面外屈曲变形的对角拉力带，反向卸荷再加载的过程中，鼓曲钢板的拉力带

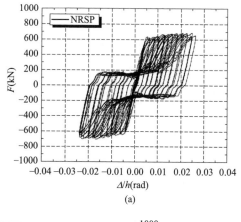

(a)

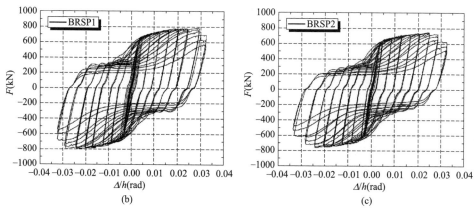

(b)　　　　　　　　　　　　　　(c)

图 2.3-1　剪力-层间位移角（F-Δ/h）滞回曲线

(a) NRSP；(b) BRSP1；(c) BRSP2

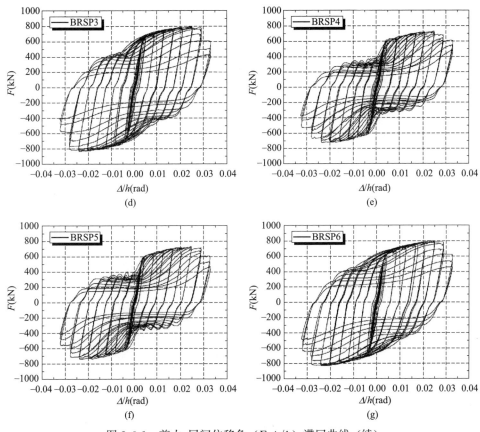

图 2.3-1 剪力-层间位移角（F-Δ/h）滞回曲线（续）
(d) BRSP3；(e) BRSP4；(f) BRSP5；(g) BRSP6

需要经历一个被"拉平"的过程，这一阶段钢板基本上不能承受外力，刚度为零，在剪力-层间位移角滞回曲线上就表现为水平段，滞回环出现了捏拢现象。

加载初期，对于全部带有帽形冷弯薄壁型钢约束件的钢板试件，在局部主压应力作用下，钢板在没有屈曲约束的区域开始出现明显面外屈曲变形，此时剪力-层间位移角滞回曲线表现为屈服，滞回环逐渐张开；后续加载过程中，随着帽形冷弯薄壁型钢对数、卷边构造、外贴 OSB 板材等约束构造措施的加强，试件钢板整体面外变形逐渐减小，而且帽形冷弯薄壁型钢约束覆盖处钢板近似处于平面剪切受力变形状态，使得试件承载力强化效果逐渐提升；达到极限荷载后，钢板在往复剪切作用下出现撕裂裂缝，在紧接着的一两个加载位移下，撕裂裂缝长度宽度不断增大，钢板部分区域逐渐退出工作，承载力出现快速下降。

全部带有帽形冷弯薄壁型钢约束件的钢板试件，随着帽形冷弯薄壁型钢对数、卷边构造、外贴 OSB 板材等约束构造措施的加强，钢板剪力-层间位移角滞回曲线捏缩现象得到改善，逐渐趋于饱满的梭形，整体滞回环包络面积增大，耗能能力增强。分析是由于帽形冷弯薄壁型钢对钢板面外屈曲变形的约束作用，阻断了钢板贯通拉力带的产生，减少整体面外变形，并且使得钢板较多区域处于平面剪切受力变形状态，从而提升了钢板的耗能能力。

2.3.2 标准化剪力-层间位移角滞回曲线

由于本次试验试件制作采用了两批钢材，为了便于试验结果统一对比，对剪力-层间位移角滞回曲线进行了标准化处理。根据两批材料的实测材料力学性能试验结果，将每个试件试验荷载除以各自剪切屈服承载力名义值 F_y，得到各试件标准化剪力-层间位移角（$F/F_y\text{-}\Delta/h$）滞回曲线，如图 2.3-2 所示。

F_y 按下式计算：

$$F_y = \frac{f_y}{\sqrt{3}} \cdot l_w \cdot t_w \qquad (2.3\text{-}1)$$

式中，f_y 为钢材拉伸屈服强度；l_w 为钢板宽度；t_w 为钢板厚度。

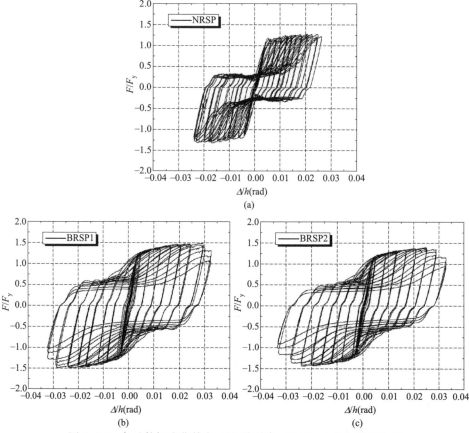

图 2.3-2　各试件标准化剪力-层间位移角（$F/F_y\text{-}\Delta/h$）滞回曲线

（a）NRSP；（b）BRSP1；（c）BRSP2

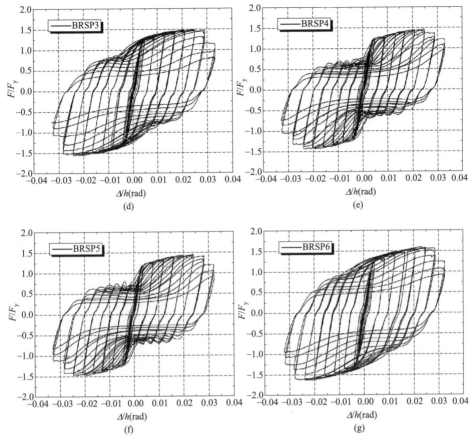

图 2.3-2 各试件标准化剪力-层间位移角（F/F_y-Δ/h）滞回曲线（续）

(d) BRSP3；(e) BRSP4；(f) BRSP5；(g) BRSP6

具体对比标准化剪力-层间位移角滞回曲线可以发现：

（1）试件 NRSP 对比试件 BRSP1，如图 2.3-3(a) 所示，可以发现，设置帽形冷弯薄壁型钢约束，试件 BRSP1 钢板通长拉力带转变为帽形冷弯薄壁型钢之间的局部屈曲拉力带，往复加载过程中，钢板面外屈曲变形被"拉平"的阶段经历的位移历程变短，使得试件 BRSP1 标准化剪力-层间位移角滞回曲线水平捏缩段荷载幅值提高，捏缩曲线切线刚度增加对应位移提前，曲线滞回圈包络面积加大，结构耗能能力提高。帽形冷弯薄壁型钢约束覆盖下的钢板区域多处于平面受力状态，钢板面外屈曲变形减小，结构非线性阶段的承载力强化效应明显。

（2）在考虑钢板平面极限剪切变形的几何条件下，设计试件时希望扩大连接螺栓孔径，使得帽形冷弯薄壁型钢可以在全过程自由滑动，从而不参与钢板平面内剪切受力变形，只为钢板提供平面外的法向屈曲约束作用。试件 BRSP1 对比试件 BRSP2，如图 2.3-3（b）所示，可以发现，扩大连接螺栓孔径对结构耗能

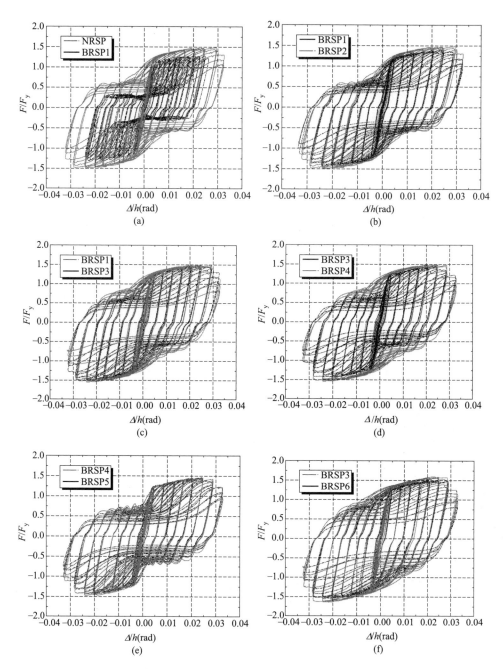

图 2.3-3　标准化剪力-层间位移角（F/F_y-Δ/h）滞回曲线对比

（a）试件 NRSP 对比试件 BRSP1；（b）试件 BRSP1 对比试件 BRSP2；（c）试件 BRSP3 对比试件 BRSP1；
（d）试件 BRSP4 对比试件 BRSP3；（e）试件 BRSP5 对比试件 BRSP4；（f）试件 BRSP6 对比试件 BRSP3

能力并未提高反而减小，试验观察到钢板在加载后期并非理想的平面剪切变形，而是出现局部面外屈曲变形，造成帽形冷弯薄壁型钢与钢板之间不能自由滑动，连接螺栓杆触碰孔壁，加速钢板撕裂破坏，而且扩大孔径对钢板截面的削弱也将造成其极限承载能力降低。

（3）试件 BRSP3 对比试件 BRSP1，如图 2.3-3（c）所示，可以发现，帽形冷弯薄壁型钢增加卷边构造，帽形冷弯薄壁型钢翼缘得到加强，其对钢板的屈曲约束效应增强，有利于提高钢板耗能能力，曲线趋于饱满梭形。

（4）试件 BRSP4 对比试件 BRSP3，如图 2.3-3（d）所示，可以发现，四对带卷边构造的帽形冷弯薄壁型钢约束相对于两对带卷边构造的帽形冷弯薄壁型钢约束，钢板处于平面剪切受力变形状态的区域更多，屈曲约束效果更强，局部屈曲拉力带长度更短，标准化剪力-层间位移角滞回曲线捏缩得到有效抑制，趋于饱满，结构耗能能力显著提高。

（5）试件 BRSP5 对比试件 BRSP4，如图 2.3-3（e）所示，可以发现，带卷边构造的帽形冷弯薄壁型钢约束与钢板的连接螺栓间距减小对结构耗能能力改善并不明显，标准化剪力-层间位移角滞回曲线基本重合。

（6）试件 BRSP6 对比试件 BRSP3，如图 2.3-3（f）所示，可以发现，外贴 OSB 板材在受力过程中参与钢板平面内剪切受力变形，使得钢板各区域面外屈曲变形分布更均匀，对结构极限承载力和耗能能力均有提高，整体标准化剪力-层间位移角滞回曲线呈现最为饱满的梭形。

2.3.3 耗能能力

钢板结构中，内嵌钢板作为体系抗震的第一道防线，在主拉力作用下最先进入屈服，产生塑形变形，吸收耗散地震能量，因此帽形冷弯薄壁型钢约束钢板的耗能能力是反映其抗震性能的一项重要指标。荷载-位移曲线滞回环所包围的面积即是往复加载一周结构耗散的能量，一个试件所有滞回环包络面积之和为总耗能 Q，各试件总耗能结果如表 2.3-1 所示。

各试件总耗能结果　　　　　　　　　　表 2.3-1

试件编号	极限层间位移角(rad)	总耗能 Q(MN·m)
NRSP	0.02630	0.68434
BRSP1	0.03245	1.15940
BRSP2	0.03345	1.04511
BRSP3	0.03296	1.30218
BRSP4	0.03293	0.95741
BRSP5	0.03290	0.98900
BRSP6	0.03259	1.43840

相对非加劲钢板试件 NRSP，两对带卷边构造的帽形冷弯薄壁型钢的钢板试件 BRSP4 提高总耗能 39.9％；四对不带卷边构造的帽形冷弯薄壁型钢的钢板试件 BRSP1 提高总耗能 69.42％；四对带卷边构造的帽形冷弯薄壁型钢的钢板试件 BRSP3 提高总耗能 90.28％；四对带卷边构造的帽形冷弯薄壁型钢外贴 OSB 板材的钢板试件 BRSP6 提高总耗能 110.19％。由此可见，随着帽形冷弯薄壁型钢对数增多、增加卷边构造、外贴 OSB 板材等约束措施的增强，钢板的耗能能力有了明显提升，然而对比试件 BRSP2 与 BRSP1、试件 BRSP5 与 BRSP4，可以发现加密帽形冷弯薄壁型钢与钢板连接螺栓孔孔距、扩大连接螺栓孔径对钢板总耗能能力基本没有提高。

结构耗能能力还可以通过等效黏滞阻尼系数 h_e 来反映，等效黏滞阻尼系数 h_e 越高，表明结构耗能的效果越好。

等效黏滞阻尼系数 h_e 按式（2.3-2）计算：

$$h_e = \frac{1}{2\pi} \cdot \frac{S_{(ABC+CDA)}}{S_{(OBE+ODF)}} \qquad (2.3-2)$$

式中，$S_{(ABC+CDA)}$ 为滞回环所包络的面积；$S_{(OBE+ODF)}$ 为滞回曲线正负向极值点与原点连线和 X 轴围成的两个三角形面积之和。等效黏滞阻尼系数计算图示如图 2.3-4 所示。

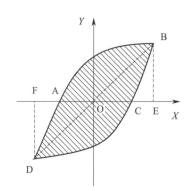

图 2.3-4　等效黏滞阻尼系数计算图示

所有试件第一圈等效黏滞阻尼系数 h_e 与层间位移角 Δ/h 关系如图 2.3-5 所示，可以发现：所有带有帽形冷弯薄壁型钢约束件的钢板试件其等效黏滞阻尼系数 h_e 相对非加劲钢板均有大幅度提高，外贴 OSB 板材的试件 BRSP6 极值提高幅值高达一倍有余；随着加载层间位移角的增加，带有帽形冷弯薄壁型钢约束件的钢板试件等效黏滞阻尼系数 h_e 总体上呈现先小幅降低，再增长较快，最后缓慢下降的趋势。增加约束对数、帽形冷弯薄壁型钢卷边构造、外贴 OSB 板材试件等约束措施，等效黏滞阻尼系数 h_e 依次提高，耗能能力逐渐加强。

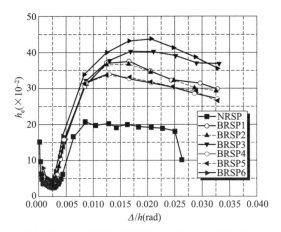

图 2.3-5　所有试件第一圈等效黏滞阻尼系数 h_e 与层间位移角 Δ/h 关系

2.3.4　标准化剪力-层间位移角骨架曲线

将标准化剪力-层间位移角滞回曲线中同方向每一级荷载第一次循环的峰值点依次相连就可以得其标准化剪力-层间位移角（F/F_y-Δ/h）骨架曲线，如图2.3-6 所示。从图 2.3-6 可以看到，各试件标准化剪力-层间位移角骨架曲线形状类似，正负方向对称；带有帽形冷弯薄壁型钢约束件的钢板试件比非加劲钢板试件初始刚度稍大，屈服后钢板承载力强化效果较为明显，强化段经历位移较大，体现了帽形冷弯薄壁型钢约束钢板具有较为稳定的承载能力。

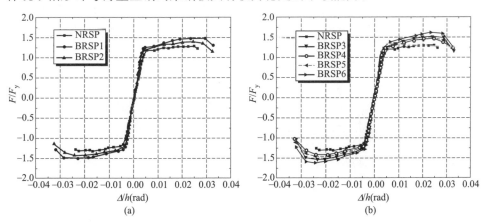

图 2.3-6　标准化剪力-层间位移角（F/F_y-Δ/h）骨架曲线
（a）NRSP、BRSP1、BRSP2；（b）NRSP、BRSP3、BRSP4、BRSP5、BRSP6

根据《建筑抗震试验规程》JGJ/T 101—2015 的规定，试验获得标准化试件剪力-层间位移角骨架曲线屈服点明显，按图选取屈服荷载与对应屈服层间位移角即可；试件承受的最大荷载和相应的变形取试件标准化剪力-层间位移角骨架曲线上的极限荷载和对应的层间位移角；破坏荷载和极限变形选取为试件荷载降至极限荷载的85%或加载过程中达到的最大层间位移角对应点处。由标准化剪力-层间位移角骨架曲线可以选取得到屈服点、极限点和破坏点等关键特征点。

为评价结构的塑形变形能力，一般用延性系数作为明确的数值指标，按式(2.3-3)计算：

$$\mu = \frac{\theta_u}{\theta_y} \tag{2.3-3}$$

式中，μ 为延性系数；θ_u 为极限层间位移角；θ_y 为屈服层间位移角。

各试件标准化剪力-层间位移角骨架曲线关键特征点与延性系数如表2.3-2所示。

各试件标准化剪力-层间位移角骨架曲线关键特征点与延性系数　表 2.3-2

试件	方向	屈服荷载点		极限荷载点		破坏荷载点		延性系数 μ
		F/F_y	$\theta(\text{rad})$	F/F_y	$\theta(\text{rad})$	F/F_y	$\theta(\text{rad})$	
NRSP	正向	1.195	0.0054	1.287	0.0248	1.230	0.0262	4.882
	负向	1.151	0.0043	1.320	0.0169	1.273	0.0237	5.555
	平均	1.173	0.0048	1.304	0.0208	1.252	0.0249	5.180
BRSP1	正向	1.226	0.0038	1.485	0.0293	1.310	0.0326	8.501
	负向	1.274	0.0043	1.496	0.0228	1.277	0.0318	7.491
	平均	1.250	0.0040	1.491	0.0260	1.293	0.0322	7.970
BRSP2	正向	1.193	0.0045	1.400	0.0247	1.190	0.0318	7.065
	负向	1.228	0.0042	1.428	0.0241	1.214	0.0311	7.397
	平均	1.210	0.0044	1.414	0.0244	1.202	0.0314	7.225
BRSP3	正向	1.219	0.0039	1.499	0.0242	1.275	0.0314	8.111
	负向	1.270	0.0041	1.549	0.0234	1.317	0.0298	7.238
	平均	1.245	0.0040	1.524	0.0238	1.296	0.0306	7.662
BRSP4	正向	1.192	0.0038	1.454	0.0245	1.236	0.0319	8.366
	负向	1.191	0.0038	1.435	0.0237	1.220	0.0296	7.832
	平均	1.192	0.0038	1.445	0.0241	1.228	0.0307	8.100
BRSP5	正向	1.196	0.0043	1.448	0.0245	1.231	0.0319	7.375
	负向	1.237	0.0041	1.478	0.0239	1.257	0.0301	7.329
	平均	1.216	0.0042	1.463	0.0242	1.244	0.0310	7.353
BRSP6	正向	1.211	0.0037	1.603	0.0233	1.363	0.0312	8.481
	负向	1.285	0.0039	1.634	0.0240	1.389	0.0304	7.737
	平均	1.248	0.0038	1.618	0.0236	1.376	0.0308	8.097

屈服荷载方面，与非加劲钢板试件 NRSP 相比，带有两对帽形冷弯薄壁型钢的钢板试件 BRSP4 屈服荷载基本相同；扩大连接螺栓孔的钢板试件 BRSP2 和两对帽形冷弯薄壁型钢加密螺栓孔间距的钢板试件 BRSP5 屈服荷载提高约为 3%；带有四对帽形冷弯薄壁型钢的钢板试件 BRSP1、BRSP3 和 BRSP6 屈服荷载提高约为 6%。总体上，屈服荷载提升不大，由于结构出现屈服时，钢板面外变形刚刚开始产生，此时帽形冷弯薄壁型钢的屈曲约束效果还未充分发挥，因而对屈服荷载影响不大。

极限荷载方面，对比非加劲钢板试件 NRSP，设置两对帽形冷弯薄壁型钢的试件 BRSP4 和 BRSP5 极限承载力分别提高 10.81% 和 12.23%；设置四对帽形冷弯薄壁型钢的试件 BRSP1、BRSP3 和 BRSP6 极限承载力分别提高 14.36%、16.91% 和 24.14%；扩大连接螺栓孔直径的四对帽形冷弯薄壁型钢约束的试件 BRSP2 极限承载力仅提升了 8.48%。由此可见，设置帽形冷弯薄壁型钢约束、增加约束对数，外贴 OSB 板材都是显著提高结构极限承载能力的有效措施，加密连接螺栓孔间距、增加卷边构造对结构极限承载能力也有略微的帮助，扩大连接螺栓孔直径，过多削弱钢板截面会降低结构的极限承载力。

相对于非加劲钢板试件，所有带有帽形冷弯薄壁型钢约束件的钢板试件延性系数均有明显的提升，达到 7 以上，极限层间位移角达到 0.03 以上，结构具有较强的塑形变形能力。

2.3.5　刚度退化

循环荷载作用下，试件结构刚度随着加载位移的增大而逐渐减小，表现出刚度退化现象。峰值刚度的变化趋势可对结构刚度退化性能进行评价，由《建筑抗震试验规程》JGJ/T 101—2015 可得峰值刚度 K_i 可按式（2.3-4）计算：

$$K_i = \frac{|+F_i| + |-F_i|}{|+q_i| + |-q_i|}$$
（2.3-4）

式中，K_i 为第 i 个加载级的峰值刚度；$+F_i$ 和 $-F_i$ 分别为第 i 个加载级的正负向的峰值荷载；而 $+\theta_i$ 和 $-\theta_i$ 为第 i 个加载级的峰值点对应的层间位移角。

各试件峰值刚度-层间位移角（$K\text{-}\Delta/h$）曲线如图 2.3-7 所示。所有试件峰值刚度退化趋势大体相同：屈服位移前（约为 0.004rad），试件峰值刚度存在一段强化段；屈服点附近，试件峰值刚度退化较快；层间位移角 0.015rad 后期峰值刚度退化速度放缓；加载至最后等级时，峰值刚度已经很弱，约为初始的 10%。同一加载层间位移角下，带有帽形冷弯薄壁型钢约束的试件峰值刚度均大于非加劲钢板试件 NRSP，曲线也相对平缓，说明设置帽形冷弯薄壁型钢约束构造和外贴 OSB 板材对试件刚度退化有明显抑制作用。

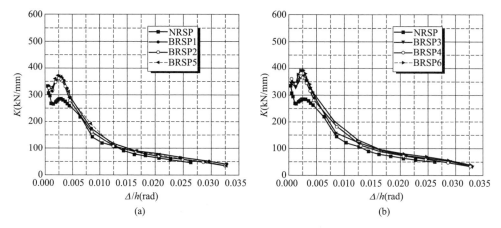

图 2.3-7　各试件峰值刚度-层间位移角（K-Δ/h）曲线
（a）NRSP、BRSP1、BRSP2、BRSP5；（b）NRSP、BRSP3、BRSP4、BRSP6

2.3.6　循环承载力退化

循环荷载作用下，结构承载力会出现不同程度的退化现象，因此承载力稳定性是衡量结构抗震性能的重要指标，可以采用循环承载力退化系数λ_i来评定，即结构在某级恒定加载位移下，峰值荷载随循环次数的增加而降低的比例，按《建筑抗震试验规程》JGJ/T 101—2015 的规定，λ_i按式（2.3-5）计算：

$$\lambda_i = \frac{F^i}{F^1} \tag{2.3-5}$$

式中，λ_i是任意级循环加载位移下第i次荷载循环的循环承载力退化系数；F^1和F^i分别是该级循环加载位移下第 1 次和第i次循环曲线上的峰值荷载。

各试件循环承载力退化系数-层间位移角（λ_i-Δ/h）变化曲线如图 2.3-8 所示。由图可知，带有帽形冷弯薄壁型钢约束件的钢板试件，在达到极限荷载以前（0.028rad 层间位移角加载级），结构循环承载力退化比较缓慢，退化系数λ_1均在 0.95 以上，退化系数λ_2均在 0.9 以上，试件承载力十分稳定。试验过程中先推后拉，除试件 BRSP2 扩大螺栓孔削弱钢板截面过多外，带有四对帽形冷弯薄壁型钢约束的钢板试件，在达到极限荷载以前，结构正向循环承载力强化较为明显，大多数退化系数超过 1.00，表明约束足够强的帽形冷弯薄壁型钢构造对结构循环承载力稳定性有积极提升作用。结构达到极限荷载后，钢板撕裂较为严重，此时出现结构循环承载力退化现象，但λ_2最小值仍大于 0.7，此时层间位移角已经达到 0.032rad。综合来说帽形冷弯薄壁型钢约束钢板结构具有较好的承载力稳定性。

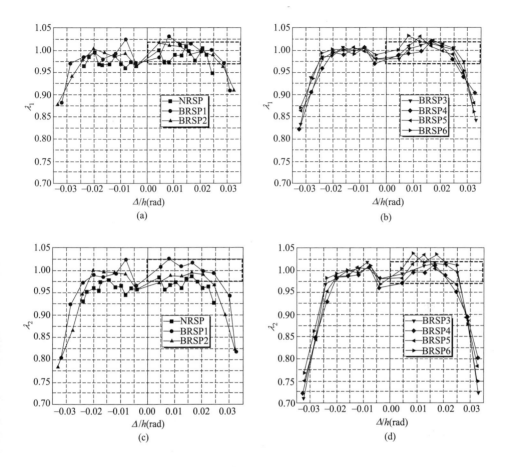

图 2.3-8 各试件循环承载力退化系数-层间位移角（λ_i-Δ/h）变化曲线

（a）NRSP、BRSP1、BRSP2 退化系数 λ_1；（b）BRSP3、BRSP4、BRSP5、BRSP6 退化系数 λ_1；

（c）NRSP、BRSP1、BRSP2 退化系数 λ_2；（d）BRSP3、BRSP4、BRSP5、BRSP6 退化系数 λ_2

2.3.7 约束效果系数

根据材料力学原理，平面受力状态下钢板试件理论计算极限承载能力 F_u 按式（2.3-6）计算：

$$F_u = \frac{f_u}{\sqrt{3}} \cdot l_w \cdot t_w \qquad (2.3\text{-}6)$$

式中，f_u 为钢材单向拉伸极限强度值；l_w 为试件内嵌钢板宽度；t_w 为试件内嵌钢板厚度。

帽形冷弯薄壁型钢约束下的钢板，在往复剪切荷载作用中，钢板在帽形冷弯薄壁型钢未覆盖的局部位置会发生面外屈曲变形，无法实现全截面材料都达到剪切极限强度的状态，会产生钢板极限承载力的降低。同时，钢板材料在往复受力过程中，材料本构也会发生循环强化。因此，最终试验得到的钢板极限承载力 V_u 综合体现了以上两方面的效应。

为进一步比较帽形冷弯薄壁型钢对钢板的面外屈曲约束效果，现定义约束效果系数 ξ 为试件试验极限承载力 V_u 与试件理论计算极限承载力 F_u 的比值，如式（2.3-7）所示：

$$\xi = \frac{V_u}{F_u} \tag{2.3-7}$$

式中，ξ 为约束效果系数；V_u 为试件试验极限承载力；F_u 为试件理论计算极限承载力。

试件极限承载力与约束效果系数如表 2.3-3 所示。试件极限承载力与约束效果系数柱状图如图 2.3-9 所示。

试件极限承载力与约束效果系数   表 2.3-3

编号	NRSP	BRSP1	BRSP2	BRSP3	BRSP4	BRSP5	BRSP6
F_u(kN)	769.049	769.049	769.049	769.049	728.678	728.678	728.678
V_u(kN)	704.395	798.386	762.793	826.338	732.574	744.958	822.918
ξ	0.916	1.038	0.992	1.074	1.005	1.022	1.129

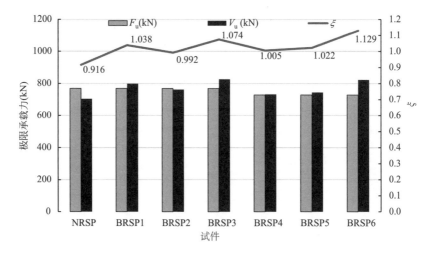

图 2.3-9　试件极限承载力与约束效果系数柱状图

从表 2.3-3 和图 2.3-9 中可以看出，未加任何约束的非加劲钢板试件 NRSP 试验极限承载力 V_u 低于理论计算极限承载力 F_u，存在 9% 左右的差距，分析是由于钢板受到主压应力作用，发生较大面外屈曲变形，钢板不再保持平面内受力，导致承载力下降。采用帽形冷弯薄壁型钢约束的钢板试件，除试件 BRSP2 由于过大的螺栓连接孔削弱钢板截面过多外，各试件试验极限承载力 V_u 均大于理论计算极限承载力 F_u，其约束效果系数 ξ 全部大于 1，其中四对带卷边构造帽形冷弯薄壁型钢的试件 BRSP3 和外贴 OSB 板材的试件 BRSP6 试验极限承载力比理论计算极限承载力提高 7％和 13％，体现出帽形冷弯薄壁型钢具有良好的屈曲约束效应。试验结果证明，合理构造的帽形冷弯薄壁型钢约束钢板，使用材料力学原理得到的极限承载能力理论计算公式作计算具有较好可靠性。

冷弯薄壁型钢约束钢板纯剪设计方法

3.1 有限元模型建立

本次有限元模拟采用大型通用有限元计算程序 ABAQUS。为了平衡程序计算的高效性和准确性，在建模过程中对帽形冷弯薄壁型钢约束钢板试件试验加载情况进行了合理简化，建立的帽形冷弯薄壁型钢约束钢板有限元计算模型如图 3.1-1 所示。

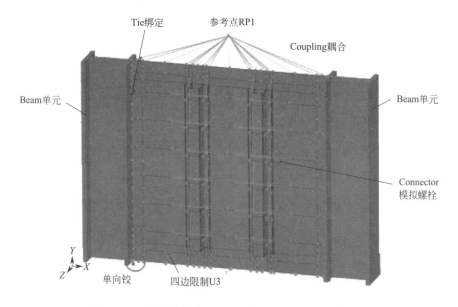

图 3.1-1 帽形冷弯薄壁型钢约束钢板有限元计算模型

3.1.1 加载边界实现

本书研究的对象是剥离边缘刚接框架的内嵌帽形冷弯薄壁型钢约束钢板结构。试验加载采用的是由顶梁、两边立柱和底座组成的四边铰接可更换式剪切加载机构，试件钢板在四边通过螺栓连接装置上的鱼尾板进行加载。加载装置的顶梁、立柱和底座材料截面尺寸远大于薄钢板试件厚度，且抗弯刚度较大，可视为刚性构件，以实现对内嵌帽形冷弯薄壁型钢约束钢板的充分锚固。在 ABAQUS 中，可以通过合理的加载边界简化实现剪切机构对内嵌帽形冷弯薄壁型钢约束钢板的平行四边形剪切变形加载。

加载装置的顶梁作用是对试件顶边施加层间剪切侧移，并带动两边立柱在竖向平面内一致旋转。在模型中建立参考点 RP1，并将 RP1 与两边立柱顶端和钢板的顶边进行 Coupling 耦合 U1、U2 和 U3 三个平动自由度，在边界条件模块中对参考点 RP1 施加水平 U1 方向的层间侧移，释放竖向平动自由度 U2，同时固定住平面平动自由度 U3 和三个转动自由度 UR1、UR2 及 UR3，可以实现顶梁的加载作用。

加载装置两边立柱的模拟采用 Beam 单元，将其弹性模量设为无限大，从而近似刚性单元。Beam 单元顶端与参考点 RP1 进行平动耦合，底端采用仅释放竖直平面内转动自由度 UR3 的单向铰约束，从而实现加载装置的四边铰接。立柱与内嵌钢板的两边采用 Tie 约束进行连接。

加载装置的底座在模拟模型中可省去，转变为对钢板底边进行平动自由度约束，实现对钢板的锚固。

装置的鱼尾板部分，加载过程中会限制内嵌钢板在该部分的面外变形。在模型中，对内嵌钢板四边 60mm 范围内（即试验中高强度螺栓的螺母外边缘范围）的平动自由度 U3 进行约束限制。

3.1.2 单元选取

薄钢板和帽形冷弯薄壁型钢的厚度尺寸远小于其宽度和高度尺寸。有限元模型中，内嵌钢板和帽形冷弯薄壁型钢都采用三维变形的 Shell 单元进行模拟。为了避免完全积分单元剪切闭锁现象，Shell 单元全部采用四节点缩减积分单元 S4R。

3.1.3 可滑移连接螺栓模拟

帽形冷弯薄壁型钢约束钢板，采用的螺栓孔直径大于连接螺栓杆直径，以期帽形冷弯薄壁型钢不参与钢板前期面内剪切变形受力，仅对钢板面外变形进行屈曲约束。对于该种可滑移连接螺栓的模拟，本书不采用钢板开孔，之后建立螺栓实体的形式，而采用 ABAQUS 中连接器 Connector 模块来简化模拟，重点关注内嵌钢板和帽形冷弯薄壁型钢的受力变形行为。

在帽形冷弯薄壁型钢和钢板的连接螺栓几何中心对应位置处分别设置 Connector 连接点，Connector 连接的类型选为 Cartesian，释放三个相对转动自由度约束，增设连接器局部坐标。三个相对平动自由度约束中，在钢板的面外方向（两个连接点的连线方向），设置为刚性 Rigid 约束，即不允许两点在钢板面外方向分离。在钢板面内两个相互垂直方向上，添加 Connector 中的 Stop 功能属性，根据螺栓孔相比螺栓杆扩大的尺寸，设置两个连接点允许相对距离的上下限值，Stop 功能设置见图 3.1-2。在限值范围以内，钢板与帽形冷弯薄壁型钢对应连接点可自由滑移，当两点相对距离达到上下限值后再相互传力，从而实现可滑移连接螺栓的简化模拟。

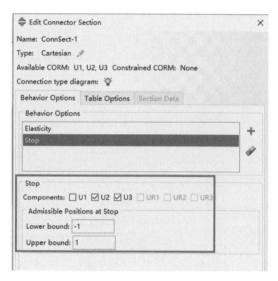

图 3.1-2　Stop 功能设置

3.1.4　接触设定

在有限元模型中，选择面-面接触（Surface‐surface contact）来模拟帽形冷弯薄壁型钢翼缘和钢板表面的相互作用。该种接触方式具有不连续性，比较适用于钢板屈曲变形后与帽形冷弯薄壁型钢翼缘局部接触、局部分离的情况。选择钢板表面作为接触主面（Master surface），帽形冷弯薄壁型钢翼缘表面为接触从面（Slave surface），接触主-从面关系设置见图 3.1-3。接触面法向上定义为"硬接触"（Hard contact），主面与从面之间相互不可穿透。当接触间隙为零时，相互之间传递法向应力；当接触间隙大于零时，相互之间分离，不传递法向拉应力。接触面切向上，忽略帽形冷弯薄壁型钢翼缘与钢板之间的摩擦力，认为单元之间是理想光滑的，相互之间的滑动设置为有限滑动（Finite sliding）类型。

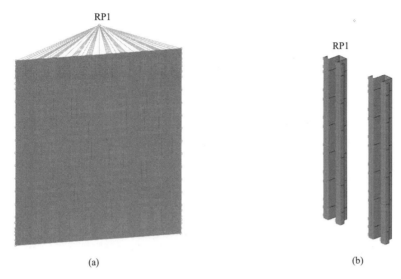

图 3.1-3　接触主-从面关系设置

（a）钢板面主面；（b）帽形冷弯薄壁型钢翼缘从面

3.1.5　本构关系

有限元模型中材料本构设定分为三部分：两边立柱钢材的本构、内嵌钢板钢材的本构和帽形冷弯薄壁型钢钢材的本构。

有限元模型中的两边立柱作为中间的帽形冷弯薄壁型钢约束钢板试件的锚固部位，是对试件施加剪切变形的边界条件，并非研究的主体，因此将其本构设定为仅有弹性段，且弹性模量无限大，性能近似于刚性体。

对于内嵌钢板，钢材本构根据拉伸试样力学性能试验结果确定，考虑循环强化效应后输入。本研究关注帽形冷弯薄壁型钢约束钢板结构的使用阶段切线刚度、屈服承载力和极限承载力等指标，有限元模拟采用单调加载即可实现。单调加载区别于试验研究往复滞回加载，因而需要在钢材本构中考虑材料滞回循环强化效应。

本次有限元模拟采用两段式的循环骨架本构曲线，可以较为准确地模拟钢材在循环荷载下的本构关系。第一段为钢材屈服前的弹性阶段，第二阶段是屈服后的循环强化阶段。具体表达见式(3.1-1)：

$$\tilde{\sigma}=\begin{cases} \tilde{\varepsilon} & \tilde{\varepsilon}\leqslant1 \\ \dfrac{\tilde{\varepsilon}+a}{b_0+b_1(\tilde{\varepsilon}+a)+(\tilde{\varepsilon}+a)^2} & \tilde{\varepsilon}>1 \end{cases} \qquad (3.1\text{-}1)$$

式中，$\tilde{\varepsilon}$ 与 $\tilde{\sigma}$ 是正则化的应变与应力，$\tilde{\varepsilon}=\varepsilon/\varepsilon_y$，$\tilde{\sigma}=\sigma/\sigma_y$，$\varepsilon_y$ 为屈服应变，σ_y 为屈服应力；根据试验结果标定，$a=5.796$、$b_0=2.486$、$b_1=0.608$。

循环骨架本构曲线与单调拉伸本构曲线有较大的差别，曲线屈服平台效应不再明显，并且在工程常用的应变范围内，循环强化作用使得钢材强度提高近20%，试验钢板用 Q235B 钢材的循环骨架本构曲线与单调拉伸本构曲线对比如图 3.1-4 所示。

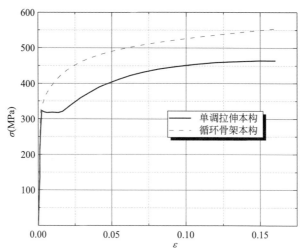

图 3.1-4　试验钢板用 Q235B 钢材的循环骨架本构曲线与单调拉伸本构曲线对比

鉴于试验过程中观察到帽形冷弯薄壁型钢变形程度较小，并且有限元模型中分别采用理想弹塑性钢材本构和循环骨架本构计算结果基本无差异，所以简化使用理想弹塑性本构进行模拟，帽形冷弯薄壁型钢 Q345 钢材理想弹塑性本构曲线如图 3.1-5 所示。

在单向拉伸材料力学性能试验中得到的应力应变数据是以名义应变 ε_{nom} 和名义应力 σ_{nom} 表示的，在有限元模拟中，为了准确描述大变形下的钢材截面改变带来的其强度提升，需要将其转换到真实应变 ε_{true} 和真实应力 σ_{true}，转换按式（3.1-2）计算：

$$\varepsilon_{true}=\ln(1+\varepsilon_{nom})$$
$$\sigma_{true}=\sigma_{nom}(1+\varepsilon_{nom})$$

（3.1-2）

在 ABAQUS 定义材料参数时，需要将真实应变 ε_{true} 拆分成弹性应变 ε_{el} 和塑形应变 ε_{pl}，输入塑形应变 ε_{pl} 来定义钢材的塑形变形行为，计算表达式如式（3.1-3）所示。

$$\varepsilon_{pl}=|\varepsilon_{true}|-|\varepsilon_{el}|=|\varepsilon_{true}|-\frac{|\sigma_{true}|}{E}$$

（3.1-3）

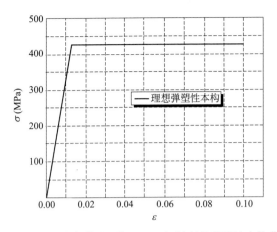

图 3.1-5　帽形冷弯薄壁型钢 Q345 钢材理想弹塑性本构曲线

3.1.6　网格划分

有限元模型的网格划分（图 3.1-6）应尽量规整均匀，全部采用四边形网格。钢板与帽形冷弯薄壁型钢接触部分之间网格点应尽量对应，有利于加强模型的计算收敛性。同时，网格尺寸大小对计算结果精度有影响，经过网格敏感性分析，综合考虑程序计算效率，最终有限元模型选取为 10mm 网格。

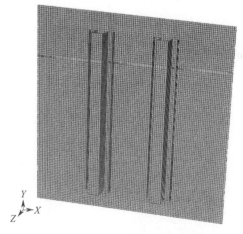

图 3.1-6　有限元模型的网格划分

3.1.7　初始缺陷

帽形冷弯薄壁型钢约束钢板结构试件在制造、运输、安装及使用过程中都不可避免地会产生初始面外几何缺陷。钢板结构墙体厚度较小，结构面外刚度较弱，初始的面外几何缺陷会显著地影响结构的受力变形性能。为了考虑钢板初始缺陷对结构性能的影响，先对有限元模型开展了特征值屈曲分析，提取合理的屈曲模态分布，各试件屈曲模态分布如图 3.1-7 所示。屈曲模态分布作为初始几何缺陷分布，其最大面外变形按照加工允许偏差，选取墙高的 1/1000。

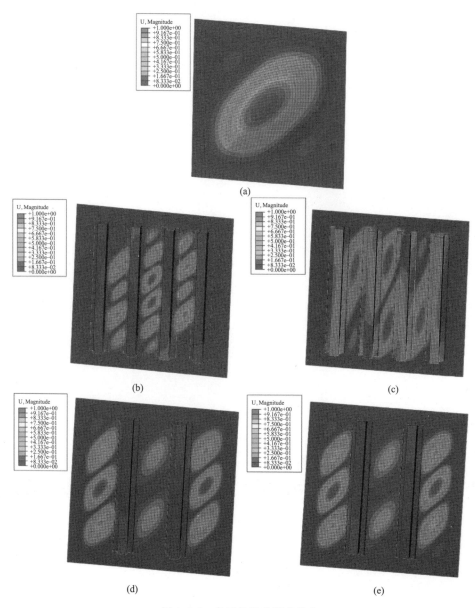

图 3.1-7　各试件屈曲模态分布

（a）NRSP；（b）BRSP1；（c）BRSP3；（d）BRSP4；（e）BRSP5

3.2 有限元模型验证

为验证所建立有限元模型的精确性，对本构考虑了钢材滞回循环强化效应，对各试件有限元模型进行单调加载。将各试件试验研究和有限元程序模拟得到的损伤破坏模式、剪力-层间位移角（$F-\theta$）曲线和承载力结果进行了对比，分别见图 3.2-1、图 3.2-2 和表 3.2-1。试件 BRSP2 由于钢板开孔过大，带来了钢板截面过度削弱，对结构受力性能不利，该构造不宜采用。试件 BRSP6 外贴 OSB 板对结构性能的提升，设计中仅作为储备部分，不纳入设计考虑因素。因此，对试件 BRSP2 和 BRSP6 未进行建模计算。

1. 损伤破坏模式对比

试验和有限元模拟损伤破坏模式对比如图 3.2-1 所示。

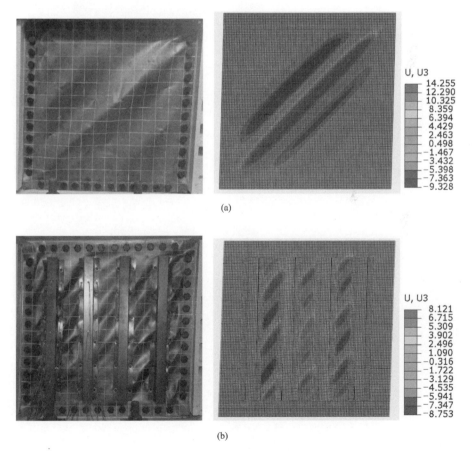

图 3.2-1　试验和有限元模拟损伤破坏模式对比
（a）NRSP；（b）BRSP1

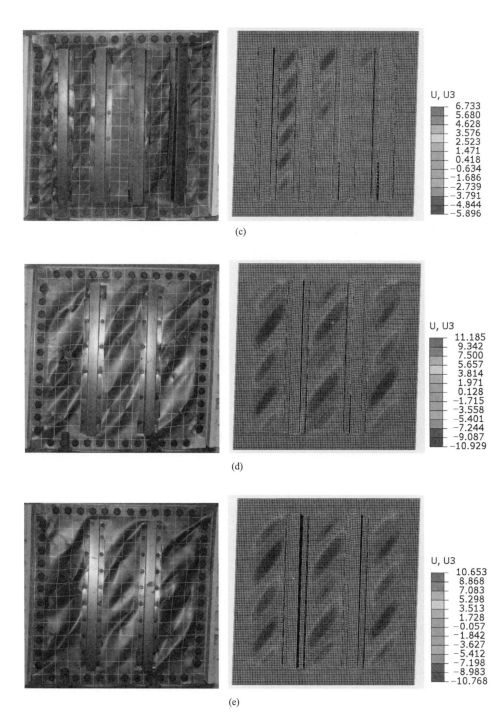

图 3.2-1 试验和有限元模拟损伤破坏模式对比（续）

（c）BRSP3；（d）BRSP4 ；（e）BRSP5

对比图 3.2-1 可以看出，模拟结果的钢板面外变形损伤破坏模式与试验结果相近。试验产生的钢板交叉褶皱撕裂，随机发生在有限元模拟结果钢板面外变形较大位置对应处。对比各试件有限元模拟结果面外变形 U3 可以看出，随着帽形冷弯薄壁型钢约束对数、连接螺栓间距和卷边构造等约束构造的加强，钢板最大面外变形比非加劲钢板试件（14.255mm）有不同程度地减小，最小值为试件 BRSP3 的 6.733mm，有效地限制了墙板的面外变形程度，利于改善结构的使用舒适性。试件 BRSP3 钢板面外变形右侧有少许差异，左侧仍符合试验结果边部区间变形较中部区间变形严重的分布形式。

2. 剪力-层间位移角曲线对比

试验和有限元模拟剪力-层间位移角（$F-\theta$）曲线对比如图 3.3-2 所示。可以看出各试件曲线走势吻合较好。

将各试件有限元模拟单调加载得到的剪力-层间位移角曲线和试验滞回加载

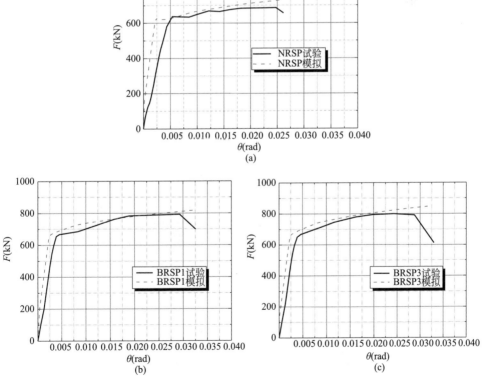

图 3.2-2 试验和有限元模拟剪力-层间位移角（$F-\theta$）曲线对比

（a）NRSP；（b）BRSP1；（c）BRSP3

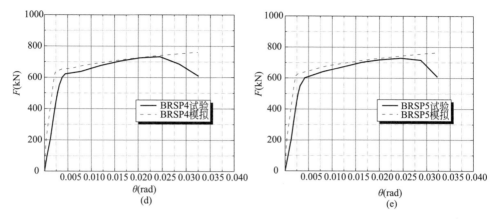

图 3.2-2　试验和有限元模拟剪力-层间位移角（F-θ）曲线对比（续）
(d) BRSP4 ; (e) BRSP5

提取的剪力-层间位移角曲线的骨架曲线进行对比，在弹性阶段，有限元模拟结果初始刚度比试验研究结果稍大。分析是由于试验加载初期阶段不可避免地存在试件与加载装置连接螺栓滑移，相比有限元模型理论边界条件约束较弱，因此带来了初始刚度的差异。试验中采用的试件由于存在加工缺陷，不可避免地会带有初始残余应力和变形，也可能导致初始刚度的削弱。约束钢板试件（本书中的约束钢板和约束试件指设置了屈曲约束的钢板和试件）在后续加载到屈服前的正常使用阶段两曲线切线刚度基本相同，具备一定参考意义，后文刚度选取为使用阶段切线刚度 K_e。屈服后的弹塑性阶段，两曲线贴合良好，有限元模拟曲线走势平稳。试验研究发现，往复荷载作用下，试件强化段位移较大，充分发挥了材料的塑形强化性能，有限元模拟结果曲线也有充分体现。试验中试件承载力下降的原因是交叉褶皱带来钢板的撕裂，使得钢板部分区域退出工作。该种撕裂在 ABAQUS 有限元模拟中较难精确实现，故有限元模拟曲线并未包含下降段。因而，有限元模拟极限承载力选取为试验极限点处层间位移角对应的有限元模拟曲线上的荷载。

提取了有限元模拟曲线中的屈服承载力和极限承载力，与试验结果进行误差对比，如表 3.2-1 所示。非加劲钢板试件承载力最大误差为 5.91%，帽形冷弯薄壁型钢约束钢板试件承载力最大误差为 2.93%，有限元模拟精确度较高。

试验和有限元模拟承载力对比　　　　　　　　　　　　　表 3.2-1

项目	试件	NRSP	BRSP1	BRSP3	BRSP4	BRSP5
屈服承载力	试验(kN)	637.708	654.236	650.277	622.263	601.965
	模拟(kN)	629.530	666.529	669.343	632.681	613.460
	误差	−1.28%	1.88%	2.93%	1.67%	1.91%
极限承载力	试验(kN)	686.768	792.484	800.009	732.574	729.359
	模拟(kN)	727.327	809.466	823.288	739.864	743.796
	误差	5.91%	2.14%	2.91%	1.00%	1.98%

上述结构损伤破坏模式、剪力-层间位移角曲线和承载力结果对比情况良好，可以体现出使用该建模方法模拟帽形冷弯薄壁型钢屈曲钢板受力性能的准确性，为后续研究分析奠定基础。

3.3 弹性边界剪切屈曲荷载解析解

在帽形冷弯薄壁型钢约束钢板结构中，内嵌钢板被边缘框架和帽形冷弯薄壁型钢螺栓列划分为若干条状平面剪切单元，钢板剪切单元划分如图3.3-1所示。内嵌钢板的结构承载力可以看作为若干条状平面剪切单元承载力的叠加。为了防止条状剪切单元过早屈曲变形，以充分发挥钢材的材料性能，帽形冷弯薄壁型钢对内嵌钢板的划分，至少应保证其弹性屈曲应力大于其剪切屈服应力，这与剪切单元的划分尺寸即剪切单元宽厚比 λ_{m} 密切相关。从理论推导可以得到平面剪切单元屈曲荷载解析解。

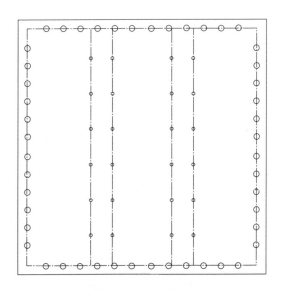

图3.3-1 钢板剪切单元划分

根据钢结构稳定理论，均匀受剪的薄钢板其弹性屈曲临界荷载 τ_{cr} 按式(3.3-1)计算：

$$\tau_{\mathrm{cr}} = k_{\mathrm{s}} \frac{\pi^2 D}{b^2} \tag{3.3-1}$$

式中，k_{s} 为剪切系数，不同边界约束条件下取值不同。

对于四边简支板见式(3.3-2)和式(3.3-3)：

当 $a \geqslant b$ $k_s = 5.34 + 4.0(b/a)^2$ (3.3-2)

当 $a \leqslant b$ $k_s = 4.0 + 5.34(b/a)^2$ (3.3-3)

对于四边固结板见式（3.3-4）和式（3.3-5）：

当 $a \geqslant b$ $k_s = 8.98 + 5.6(b/a)^2$ (3.3-4)

当 $a \leqslant b$ $k_s = 5.6 + 8.98(b/a)^2$ (3.3-5)

a 和 b 分别为钢板剪切单元的宽和高尺寸。

针对帽形冷弯薄壁型钢约束钢板结构，帽形冷弯薄壁型钢的布置不仅影响钢板的剪切单元划分，其截面构造方式还对剪切单元的边界有影响，而并非理想的完全固结或铰接，而是具有一定刚度的弹性约束。简化的内嵌钢板剪切单元理论计算模型如图 3.3-2 所示。

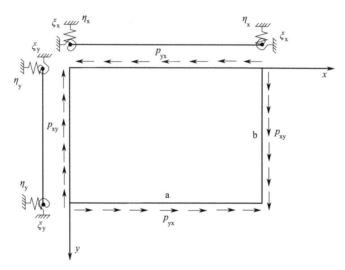

图 3.3-2　简化的内嵌钢板剪切单元理论计算模型

弹性受力阶段，钢板剪切单元四边受到均布剪力 p_{xy} 和 p_{yx} 作用。剪切单元对边弹性约束边界情况可简化视作相同，使用伽辽金法求解，对内嵌钢板钢板剪切单元建立平衡微分方程，可以按式（3.3-6）、式（3.3-7）计算得到钢板剪切单元的屈曲荷载 p_{crxy}：

$$p_{crxy} = \frac{\eta_{1x}\eta_{2x}\dfrac{b^2}{a^2} + \eta_{1x}\eta_{2y}\dfrac{a^2}{b^2} + 2\eta_{3x}\eta_{3y}}{2\eta_{4x}\eta_{4y}}\frac{D}{b^2} \qquad (3.3\text{-}6)$$

$$\tau_{crxy} = \frac{p_{crxy}}{t} \qquad (3.3\text{-}7)$$

式中，

$$\eta_{1x} = 24a_4 \left(\frac{1}{2} + \frac{1}{3}a_2 + \frac{1}{4}a_3 + \frac{1}{5}a_4 \right);$$

$$\eta_{2x} = \frac{1}{3} + \frac{1}{2}b_2 + \frac{2}{5}b_3 + \frac{1}{3}b_4 + \frac{1}{5}b_2^2 + \frac{1}{7}b_3^2 + \frac{1}{9}b_4^2 + \frac{1}{3}b_2 b_3 + \frac{2}{7}b_2 b_4 \ \frac{1}{4}b_3 b_4;$$

$$\eta_{3x} = a_2 + 2a_3 + 3a_4 + \frac{2}{3}a_2^2 + \frac{6}{5}a_3^2 + \frac{12}{7}a_4^2 + 2a_2 a_3 + \frac{14}{5}a_2 a_4 + 2a_3 a_4;$$

$$\eta_{4x} = \frac{1}{2} + a_2 + a_3 + a_4 + \frac{1}{2}a_2^2 + \frac{1}{2}a_3^2 + \frac{1}{2}a_4^2 + a_2 a_3 + a_2 a_4 + a_3 a_4;$$

$$\eta_{1y} = 24b_4 \left(\frac{1}{2} + \frac{1}{3}b_2 + \frac{1}{4}b_3 + \frac{1}{5}b_4 \right);$$

$$\eta_{2y} = \frac{1}{3} + \frac{1}{2}a_2 + \frac{2}{5}a_3 + \frac{1}{3}a_4 + \frac{1}{5}a_2^2 + \frac{1}{7}a_3^2 + \frac{1}{9}a_4^2 + \frac{1}{3}a_2 a_3 + \frac{2}{7}a_2 a_4 + \frac{1}{4}a_3 a_4;$$

$$\eta_{3y} = b_2 + 2b_3 + 3b_4 + \frac{2}{3}b_2^2 + \frac{6}{5}b_3^2 + \frac{12}{7}b_4^2 + 2b_2 b_3 + \frac{14}{5}b_2 b_4 + 2b_3 b_4;$$

$$\eta_{4y} = \frac{1}{2} + b_2 + b_3 + b_4 + \frac{1}{2}b_2^2 + \frac{1}{2}b_3^2 + \frac{1}{2}b_4^2 + b_2 b_3 + b_2 b_4 + b_3 b_4;$$

$$a_2 = X, \ a_3 = \frac{-2X^2 + 2X + 6}{X - 3}, \ a_4 = \frac{X^2 - 3}{X - 3}, \ X = \frac{\xi_x}{2D};$$

$$b_2 = Y, \ b_3 = \frac{-2Y^2 + 2Y + 6}{Y - 3}, \ b_4 = \frac{Y^2 - 3}{Y - 3}, \ Y = \frac{\xi_y}{2D} \ 。$$

ξ_x 与 ξ_y 分别为图示钢板剪切单元的弹性转动约束刚度；D 为钢板剪切单元的柱面刚度。

当 $\tau_{crxy} \geqslant \tau_y$ 时，即可保证每个分割钢板剪切单元剪切弹性屈曲不先于其剪切屈服。考虑弹性边界影响的屈曲计算公式虽然十分复杂，不便于直接工程应用，但是通过对公式的分析可以发现，钢板划分方式以及弹性边界的约束刚度对钢板的弹性受力性能有较大影响，因此需要对相应的帽形冷弯薄壁型钢的排布间距与截面设计开展具体的参数分析。另外，转动约束刚度对钢板的屈曲荷载有影响，而帽形冷弯薄壁型钢作为约束件可与内嵌钢板形成封闭截面单元，转动约束刚度相比较大，对结构性能的提升有积极作用。下面将通过有限元模拟对结构性能进行详细参数化分析，进而还可以关注各种参数变化对钢板结构弹塑性强化阶段性能影响。

3.4 冷弯薄壁型钢布置建议及设计方法

影响帽形冷弯薄壁型钢约束钢板结构刚度和承载能力的参数包括：连接螺栓个数与间距、帽形冷弯薄壁型钢卷边构造、帽形冷弯薄壁型钢约束对数与间距、帽形冷弯薄壁型钢截面设计、钢材材料强度、内嵌钢板的宽厚比、高厚比等。在建立精细有限元模型的基础上，每次保证其余参数不变，分别单独变化其中一种参数，可以得到其对帽形冷弯薄壁型钢约束钢板结构性能的影响程度与规律。本节根据试验研究中变化的约束构造参数对结构性能的影响程度，先从影响程度较小的参数展开分析，逐一确定合理的约束构造方式，再拓展到试验中未涉及的参数，进行相关参数分析。在有限元分析计算结果中，结构抗侧刚度选取为曲线使用阶段切线刚度 K_e，结构极限承载力 F_{um} 选取为 $F\text{-}\theta$ 曲线在 1/50 层间位移角处对应荷载（参考《高层民用建筑钢结构技术规程》JGJ 99—2015 中关于钢结构弹塑性层间位移角限值的规定）。

3.4.1 连接螺栓个数与间距

保持其余参数不变，将带有两对约束的钢板有限元模型的连接螺栓间距 S_m 依次从 420mm 减小到 140mm，分别对应螺栓数量由 3 颗增加到 7 颗，螺栓布置位置从约束两端开始设置，中间均匀分布，模拟计算结果与间距 100mm 的试件 BRSP5 的模拟结果进行对比［图 3.4-1(a)］。由于两对约束对钢板结构的强化效应提升并不明显，变换连接螺栓间距 S_m，各曲线使用阶段切线刚度 K_e、屈服承载力 F_{ym} 和结构极限承载力 F_{um} 的模拟结果基本保持一致，但连接螺栓间距 S_m 越小，结构屈服后变形模态转化时 $F\text{-}\theta$ 曲线的跃动效应减弱，更为平缓。

保持其余参数不变，将带有四对约束的钢板有限元模型的连接螺栓间距 S_m 依次从 840mm 减小到 120mm，分别对应螺栓数量由 2 颗增加到 7 颗，模拟计算结果对比如图 3.4-1(b)、图 3.4-1(c) 所示。可以看出：

(1) 随着帽形冷弯薄壁型钢约束连接螺栓间距 S_m 的减小，约束钢板结构的使用阶段切线刚度 K_e 和屈服承载力 F_{ym} 基本不受影响。

(2) 随着连接螺栓间距 S_m 的减小，约束钢板结构的极限承载力 F_{um} 逐渐增加；连接螺栓间距 S_m 减小到 168mm（即 $S_m/t_m=112$）之后极限承载力 F_{um} 基本保持不变。

连接螺栓间距的大小影响内嵌钢板与帽形冷弯薄壁型钢的协同程度。根据分析结果取整，建议帽形冷弯薄壁型钢约束钢板结构中连接螺栓间距 S_m 满足式 (3.4-1)：

$$S_m/t_m \leqslant 110 \tag{3.4-1}$$

式中，t_m 为帽形冷弯型钢厚度。

3.4.2 帽形冷弯薄壁型钢卷边构造

其余参数保持不变，将带有四对约束的钢板有限元模型中的帽形冷弯薄壁型钢卷边构造长度 l_m 设置为 10～40mm，帽形冷变薄壁型钢截面几何尺寸如图 3.4-2 所示。级差为 5mm，进行模拟计算，并与不带卷边构造 $l_m=0$mm 的模型

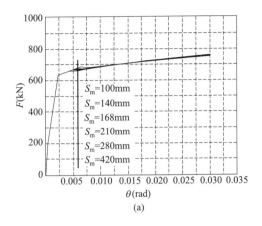

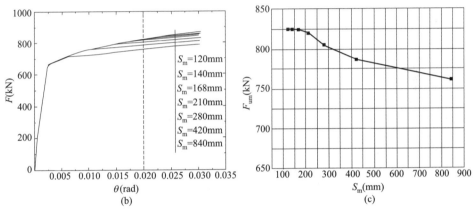

图 3.4-1 连接螺栓间距对帽形冷弯薄壁型钢约束钢板结构性能的影响

（a）两对约束钢板 F-θ 曲线；（b）四对约束钢板 F-θ 曲线；（c）四对约束钢板 F_{um}-S_m 关系曲线

结果进行对比，卷边构造长度对帽形冷弯薄壁型钢约束钢板结构性能的影响如图 3.4-3 所示。

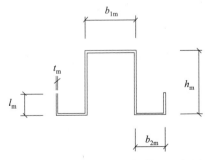

图 3.4-2 帽形冷弯薄壁型钢截面几何尺寸

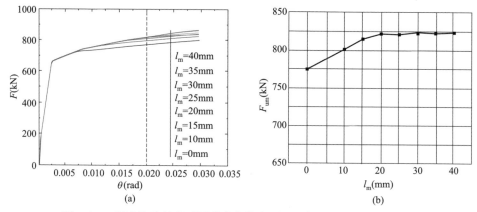

图 3.4-3 卷边构造长度对帽形冷弯薄壁型钢约束钢板结构性能的影响

(a) F-θ 曲线；(b) F_{um}-l_{m} 曲线

可以看出：

(1) 帽形冷弯薄壁型钢约束卷边构造长度 l_{m} 的增加对约束钢板结构的使用阶段切线刚度 K_{e} 和屈服承载力 F_{ym} 基本没有影响。

(2) 约束钢板结构的极限承载力 F_{um} 随着卷边构造长度 l_{m} 的增加而略微增长，并在 20mm 之后基本保持不变。

卷边构造长度影响的模拟结果与试验 BRSP1 和 BRSP3 的对比结果基本一致，卷边构造的增加对结构极限承载力有略微的增加，但该构造更多的作用在于对结构耗能能力的提高。在整体结构塑性变形阶段，帽形冷弯薄壁型钢受到来自内嵌钢板面外鼓曲产生的弯曲作用和相邻螺栓杆之间的挤压作用，不利受力状态类似于压弯构件。参照参数化分析结果，卷边构造长度在 20mm 以上，其极限承载力基本保持不变。结合钢结构原理中 T 形截面压弯构件悬伸自由边保持局部稳定的宽厚比限值，建议帽形冷弯薄壁型钢约束钢板结构中帽形冷弯薄壁型钢截面外卷边构造长度按式(3.4-2) 计算结果选取：

$$l_{\mathrm{m}}/t_{\mathrm{m}}=15\sqrt{235/f_{\mathrm{y}}} \tag{3.4-2}$$

式中，t_{m} 为帽形冷弯薄壁型钢的厚度尺寸。

3.4.3 帽形冷弯薄壁型钢约束对数与间距

由于试验加载有尺寸限制，在 ABAQUS 有限元模型中，可以将结构尺寸放大到实际应用结构尺寸，更具有参考意义。在 ABAQUS 中建立尺寸为 3000×3000×6（墙板高度 H×墙板宽度 L×墙板厚度 t，单位：mm）的有限元模型，高厚比 λ 为 500；帽形冷弯薄壁型钢尺寸为 90×40×30×15×3（h_{m}×$b_{1\mathrm{m}}$×$b_{2\mathrm{m}}$×l_{m}×t_{m}，单位：mm，如图 3.4-2 所示），后续模拟均以此尺寸为基础进行参数变化。帽形冷弯薄壁型钢约束对间距与其截面面外抗弯刚度大小相关，因此设置帽形冷弯薄壁型钢的厚度与高度为日常使用限制的上限，以期为钢板提供较强的面外约束刚度，重点考察约束间距（S）对钢板抗侧性能的影响。

保持其余参数不变，约束对数由 2 对增加到 7 对。根据通常钢板的高厚比分类，高厚比 $\lambda > 150$ 属于薄钢板，因而从约束间距 1000mm 开始设置。各帽形冷弯薄壁型钢约束对相互之间均匀分布，约束间距分别对应为 1000mm、750mm、600mm、500mm、430mm、375mm。帽形冷弯薄壁型钢约束间距对约束钢板结构性能的影响如图 3.4-4 所示。可以看出：

（1）随着帽形冷弯薄壁型钢约束对数的增加，即帽形冷弯薄壁型钢约束间距的减小，约束钢板结构的使用阶段切线刚度 K_e 基本保持不变，屈服承载力 F_{ym} 略微增长，增长幅值不大。

（2）结构屈服后，进入弹塑性变形阶段，帽形冷弯薄壁型钢之间的钢板区域会发生弹塑性屈曲变形，出现面外屈曲拉力带，在荷载-位移曲线中则表现为强化段曲线出现转折。随着帽形冷弯薄壁型钢约束间距的减小，强化阶段曲线转折点对应的层间位移角增大，即结构保持强化趋势的位移历程增长，因而带来结构极限承载力 F_{um} 的增长较大。

（3）当帽形冷弯薄壁型钢约束间距加密到足够小时，强化曲线不再发生转折，1/50 层间位移角对应结构极限承载力 F_{um} 增长程度不明显，此时对应的约束间距为 430mm，划分钢板剪切单元宽厚比 λ_m 为 72。

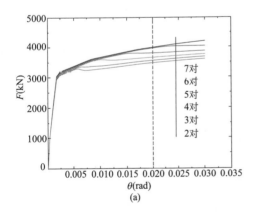 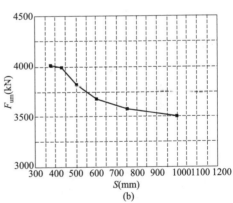

图 3.4-4　帽形冷弯薄壁型钢约束间距对约束钢板结构性能的影响
(a) F-θ 曲线；(b) F_{um}-S 关系曲线

由以上分析可知，帽形冷弯薄壁型钢约束间距影响内嵌钢板弹塑性阶段的屈曲变形和结构极限承载力。根据分析结果取整，考虑钢材强度的影响，建议帽形冷弯薄壁型钢约束钢板结构中帽形冷弯薄壁型钢约束划分剪切单元宽厚比 λ_m 按式(3.4-3)计算结果选取：

$$\lambda_m = S/t \leqslant 70\sqrt{235/f_y} \qquad (3.4-3)$$

由于本次模拟中钢板的高厚比 $\lambda = 500$，属于薄钢板中高厚比较大的情况，钢板更容易发生面外屈曲变形。常规设计使用的高厚比有所减小，因而上述剪切单元宽厚比 λ_m 取值具备实用性。

3.4.4 帽形冷弯薄壁型钢截面设计

帽形冷弯薄壁型钢约束钢板结构中，内嵌钢板两侧的帽形冷弯薄壁型钢使用螺栓对拉连接，利用帽形冷弯薄壁型钢的截面抗弯刚度来对内嵌钢板进行面外屈曲约束。帽形冷弯薄壁型钢的截面设计对内嵌钢板的屈曲约束效果有直接影响，进而决定约束钢板的结构抗侧性能。在帽形冷弯薄壁型钢截面中，截面高度 h_m 和冷弯薄壁型钢钢材厚度 t_m 对其抗弯刚度的影响较大。保持其余参数不变，在帽形冷弯薄壁型钢约束间距 $S = 70t$ 的排布下，变换帽形冷弯薄壁型钢的截面高度 h_m 和冷弯薄壁型钢钢材厚度 t_m，进行参数分析模拟计算。设置截面高度 h_m 为 $60\sim$ $90\mathrm{mm}$，冷弯薄壁型钢钢材厚度 t_m 为 $1\sim4\mathrm{mm}$，并适当增加几个其余尺寸模型做对比，帽形冷弯薄壁型钢截面参数分析交叉设计方案如表 3.4-1 所示。

帽形冷弯薄壁型钢截面参数分析交叉设计方案　　　　表 3.4-1

模型编号	截面高度 h_m （mm）	冷弯薄壁型钢 钢材厚度 t_m（mm）	惯性矩之和 I_m （mm^4）	抗弯刚度比 η
90-0.5	90	0.5	353092	42.502
90-1	90	1	705307	84.898
90-1.5	90	1.5	1056622	127.186
90-2	90	2	1407013	169.363
90-2.5	90	2.5	1756452	211.425
90-3	90	3	2104907	253.368
90-4	90	4	2798748	336.886
80-1	80	1	532377	64.082
80-1.5	80	1.5	797756	96.026
80-2	80	2	1062579	127.903
80-2.5	80	2.5	1326834	159.712
80-3	80	3	1590505	191.450
80-4	80	4	2116017	254.706
70-1	70	1	388058	46.711
70-1.5	70	1.5	581680	70.017
70-2	70	2	775029	93.291
70-2.5	70	2.5	968109	116.532
70-3	70	3	1160914	139.740
70-4	70	4	1545679	186.054
60-1	60	1	270302	32.536
60-1.5	60	1.5	405328	48.790
60-2	60	2	540285	65.034

模型编号	截面高度 h_m (mm)	冷弯薄壁型钢钢材厚度 t_m(mm)	惯性矩之和 I_m (mm^4)	抗弯刚度比 η
60-2.5	60	2.5	675186	81.272
60-3	60	3	810036	97.504
60-4	60	4	1079617	129.954
75-1.5	75	1.5	684561	82.401
50-1.5	50	1.5	265616	31.972
40-1.5	40	1.5	164447	19.795
30-1.5	30	1.5	83586	10.061

保持截面高度 $h_m = 90$mm 不变，将帽形冷弯薄壁型钢的钢材厚度 t_m 从 0.5mm 逐步增加到 4mm，帽形冷弯薄壁型钢截面设计对约束钢板结构性能的影响如图 3.4-5 所示，结构荷载-位移曲线使用阶段切线刚度 K_e 基本不变，结构屈服承载力 F_{ym} 有略微增长；曲线在塑性强化阶段趋势基本相同，随着厚度增加，钢板弹塑性屈曲面外变形带来的曲线转折点对应位移延后，体现出钢板屈曲约束作用得到加强，结构极限承载力 F_{um} 也伴随增长；当帽形冷弯薄壁型钢钢材厚度 t_m 达到 2.5mm 后，1/50 层间位移角之前曲线强化不发生转折，结构极限承载力 F_{um} 随着冷弯薄壁型钢钢材厚度 t_m 的提升，增长较小，该增长并非来自帽形冷弯薄壁型钢的屈曲约束效应，而是约束件后期参与墙体抗侧的略微贡献，并不高效。

保持帽形冷弯薄壁型钢钢材厚度 $t_m = 1.5$mm 不变，将截面高度 h_m 从 30mm 逐步增加到 90mm，模拟计算结果对比如图 3.4-5（b）所示，曲线使用阶段切线刚度 K_e 和屈服承载力 F_{ym} 基本不变；随着截面高度 h_m 的加大，曲线屈曲转折很快消失，结构极限承载力 F_{um} 有所提升，截面高度到达 60mm 后提升较为缓慢。

对比结构极限承载力 F_{um} 随截面高度 h_m 和冷弯薄壁型钢钢材厚度 t_m 的空间分布情况［图 3.4-5（c）］，可以发现，在帽形冷弯薄壁型钢约束间距 $S = 70t$ 的排布下，冷弯薄壁型钢钢材厚度 t_m 对结构极限承载力 F_{um} 的提升作用较截面高度 h_m 更为明显。

帽形冷弯薄壁型钢防屈曲的力学原理在于截面抗弯刚度对内嵌钢板面外屈曲变形的限制，要想充分发挥屈曲约束作用，需要对帽形冷弯薄壁型钢截面相对抗弯刚度给予限定。定义帽形冷弯薄壁型钢截面抗弯刚度比 η 作为评判指标，表征帽形冷弯薄壁型钢的屈曲约束作用。η 为单位宽度内嵌钢板上两侧帽形冷弯薄壁型钢面外抗弯刚度之和与内嵌钢板柱面刚度之比，按式（3.4-4）、式（3.4-5）计算：

$$\eta = \frac{E_m I_m}{Dl} \tag{3.4-4}$$

$$D = \frac{Et^3}{12(1-\nu^2)} \tag{3.4-5}$$

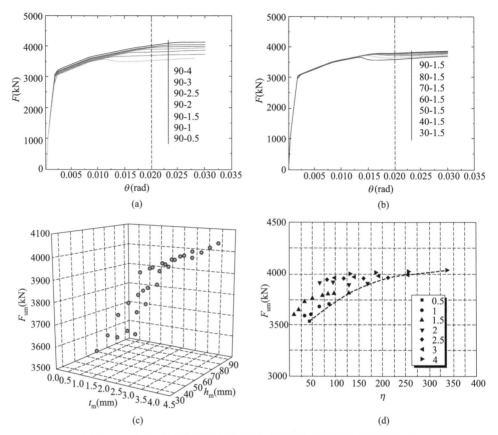

图 3.4-5 帽形冷弯薄壁型钢截面设计对约束钢板结构性能的影响

(a) t_m 参数化 F-θ 曲线；(b) h_m 参数化 F-θ 曲线；(c) 结构极限承载力 F_{um} 空间分布；

(d) F_{um}-η 包络关系曲线

式中，E_m 为帽形冷弯薄壁型钢钢材弹性模量；I_m 为两侧帽形冷弯薄壁型钢在钢板平面外各自截面惯性矩之和；l 为一对帽形冷弯薄壁型钢所约束的内嵌钢板宽度，两边各取帽形冷弯薄壁型钢约束间距 $S=70t$ 的一半；D 为内嵌钢板单位长度柱面刚度，E、t、ν 分别为内嵌钢板的钢材弹性模量、厚度和泊松比。

帽形冷弯薄壁型钢约束钢板模拟计算结构极限承载力 F_{um} 与截面抗弯刚度比 η 关系如图 3.4-5 (d) 所示。对比也可以发现，在冷弯薄壁型钢钢材厚度 t_m 较小的情况下，截面抗弯刚度比 η 的提升（截面高度 h_m 提升）会带来结构极限承载能力 F_{um} 的提升；到达特定的冷弯薄壁型钢钢材厚度（2.5mm）之后再增加抗弯刚度比 η 结构极限承载能力 F_{um} 提高微弱。相近截面抗弯刚度中，冷弯薄壁型钢钢材厚度 t_m 越大对应的结构极限承载力 F_{um} 更高，设计中建议在满足抗弯刚度比 η 的前提下优先选用厚度较大的冷弯薄壁型钢截面。连接相同截面抗弯刚度比 η 下结构极限承载力 F_{um} 较小值，形成 F_{um}-η 包络关系曲线，可以看

到 $\eta=211.4$（对应 90-2.5 模型）之后结构极限承载力 F_{um} 提升较为缓慢，且后期提升来源并非对钢板的屈曲约束效应。考虑计算取整，建议设计屈曲约束保证阈值，抗弯刚度比按式(3.4-6) 计算：

$$\eta=\frac{E_m I_m}{Dl}\geqslant 210 \tag{3.4-6}$$

另外，帽形冷弯薄壁型钢截面设计要注意防止局部屈曲的影响，参考钢结构原理中压弯构件局部稳定原理的宽厚比限值，对帽形冷弯薄壁型钢截面尺寸给予限定，给设计以参考，各部分截面尺寸限定如式(3.4-7)～式(3.4-9)所示。

$$b_{1m}/t_m\leqslant 40\sqrt{235/f_y} \tag{3.4-7}$$

$$b_{2m}/t_m\leqslant 30\sqrt{235/f_y} \tag{3.4-8}$$

$$h_m/t_m\leqslant 60\sqrt{235/f_y} \tag{3.4-9}$$

b_{1m}、b_{2m} 和 h_m 分别为帽形冷弯薄壁型钢截面上翼缘宽度尺寸、下翼缘宽度尺寸和腹板高度尺寸，见图 3.4-2。下翼缘宽度 b_{2m} 的尺寸设置需考虑到螺栓连接施工操作的便利性。为使帽形冷弯薄壁型钢约束刚度较大，整体截面设计应较为展开，上述截面尺寸尽量取上限值。建议帽形冷弯薄壁型钢长度 $l=H-100mm$，上下各留 50mm，且鱼尾板处需留出空余。

3.4.5 钢材材料屈服强度

帽形冷弯薄壁型钢中，涉及两种钢结构材料，帽形冷弯薄壁型钢钢材和内嵌钢板钢材，分别展开参数分析。

1. 帽形冷弯薄壁型钢钢材屈服强度 f_{ym}

其余参数保持不变，分别设置帽形冷弯薄壁型钢钢材屈服强度 f_{ym} 为 235MPa、345MPa、390MPa 和 420MPa，帽形冷弯薄壁型钢钢材屈服强度对约束钢板结构性能的影响如图 3.4-6 所示。可以发现，按照合理帽形冷弯薄壁型钢约束间距 S 和截面抗弯刚度比 η 构造的约束钢板结构，帽形冷弯薄壁型钢钢材屈服强度对结构抗侧性能几乎没有影响，$F-\theta$ 曲线全部重合，设计中建议帽形冷弯薄壁型钢钢材与内嵌钢板屈服强度保持一致即可。

2. 内嵌钢板钢材屈服强度 f_y

内嵌钢板钢材屈服强度 f_y 分别设置为 235MPa、345MPa、390MPa 和 420MPa，帽形冷弯薄壁型钢钢材屈服强度 f_{ym} 与内嵌钢板钢材屈服强度 f_y 保持一致，冷弯薄壁型钢约束间距 S 和截面抗弯刚度比 η 按照要求构造，内嵌钢板钢材屈服强度对约束钢板结构性能的影响如图 3.4-7 所示。可以看出，随着内嵌钢板钢材屈服强度 f_y 的提高，结构使用阶段切线刚度 K_e 保持不变。由于约束间距 S 较小，内嵌钢板在屈服前不会发生面外屈曲变形，屈服承载力 F_{ym} 随

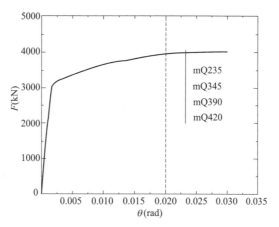

图 3.4-6　帽形冷弯薄壁型钢钢材屈服强度对约束钢板结构性能的影响

着钢材屈服强度 f_y 的增加而相应提升，后期曲线强化效应明显。

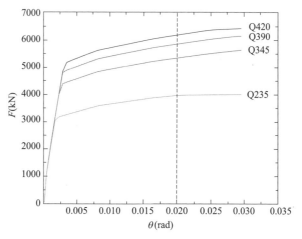

图 3.4-7　内嵌钢板钢材屈服强度对约束钢板结构性能的影响

3.4.6　钢板宽高比

保持其余参数不变，改变内嵌钢板的宽度 L，宽度 L 变化为 2250～5250mm，增量为 750mm，对应宽高比 α（$\alpha = L/H$）为 0.75、1、1.25、1.5 和 1.75。新增钢板区域仍按构造要求布置帽形冷弯薄壁型钢约束对，内嵌钢板宽高比对约束钢板结构性能的影响如图 3.4-8 所示。

从图 3.4-8(a) 中的 $F-\theta$ 关系曲线可以看到，随着宽高比 α 的增加，结构使用阶段切线刚度 K_e 相应增大，且成正比 [图 3.4-8(b)]，符合材料力学原理；随着宽高比 α 的增加，屈服承载力 F_{ym} 和极限承载力 F_{um} 相应提高，呈近似线性关系［图 3.4-8(c)］，随着 L 的增大使得曲线在强化段较屈服点提升幅值也有增加，承载力强化更为明显。

定义钢板水平截面平均极限剪应力 $\bar{\tau}_{um}$ 如式(3.4-10)所示：

$$\tau_{um} = \frac{F_{um}}{tL} \qquad (3.4\text{-}10)$$

平均极限剪应力 $\bar{\tau}_{um}$ 可反映材料的利用效益，$\bar{\tau}_{um}$ 值越大，钢材利用效益发挥越显著。由图 3.4-8(d)可知，随着宽高比 α 的增加，平均极限剪应力 $\bar{\tau}_{um}$ 逐渐减小。由于钢板宽高比 α 的不同，钢板在强化阶段主应力方向会随之发生转变，进而影响拉力带的方向，最后表现出平均极限剪应力 $\bar{\tau}_{um}$ 差异。

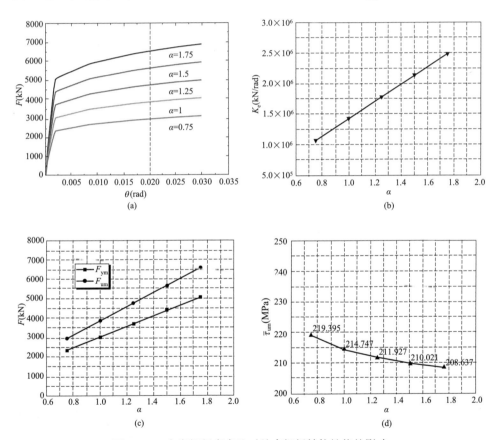

图 3.4-8　内嵌钢板宽高比对约束钢板结构性能的影响

（a）F-θ 关系曲线；（b）K_e-α 关系曲线；（c）F-α 关系曲线；（d）$\bar{\tau}_{um}$-α 关系曲线

3.4.7　钢板高厚比

保持其余参数不变，改变内嵌钢板的厚度 t，厚度 t 由 12mm 变化至 5mm，

对应高厚比 λ（$\lambda = H/t$）为 250～600，具体见表 3.4-2，帽形冷弯薄壁型钢约束构造按相应构造要求选取。内嵌钢板高厚比对约束钢板结构性能的影响如图 3.4-9 所示。

内嵌钢板高厚比参数分析方案   表 3.4-2

模型编号	W250	W300	W350	W400	W450	W500	W550	W600
高度 H×宽度 L（mm）	\multicolumn{8}{c}{3000×3000}							
厚度 t（mm）	12	10	8.6	7.5	6.7	6	5.5	5
高厚比 λ	250	300	350	400	450	500	550	600

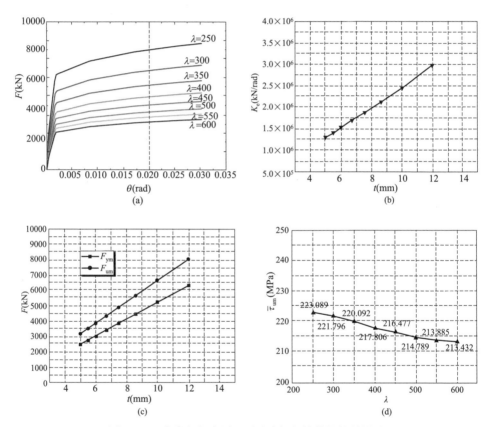

图 3.4-9　内嵌钢板高厚比对约束钢板结构性能的影响

（a）$F - \theta$ 关系曲线；（b）$K_e - t$ 关系曲线；（c）$F - t$ 关系曲线；（d）$\bar{\tau}_{um} - \lambda$ 关系曲线

与钢板长度增加类似，从图 3.4-9（a）中的 $F - \theta$ 关系曲线可以看到，随着高厚比 λ 的减小，即钢板厚度 t 的增加，结构使用阶段切线刚度 K_e 相应增大，且成正比 [图 3.4-9（b）]，符合材料力学原理，屈服承载力 F_{ym} 和极限承载力 F_{um} 相应提高，呈近似线性关系 [图 3.4-9（c）]。钢板厚度 t 的增加，墙体受剪面面积增大，屈服后承载力强化幅值也相应增长。从图 3.4-9(d) 中可以看出，随着高厚比 λ 的增长，平均极限剪应力 $\bar{\tau}_{um}$ 有略微减小。由于存在帽形冷弯薄壁型钢约束间距 $S \leqslant 70t$ 的约束，且约束抗弯刚度足够大，钢板剪切单元局部宽厚比 λ_m 足够小，基本上可以实现结构在 1/50 层间位移角之前不发生过大面外屈曲变形，更大程度地利用材料的力学性能，因而结构平均极限剪应力 $\bar{\tau}_{um}$ 差异并不大。

3.5 冷弯薄壁型钢约束钢板设计方法

在满足帽形冷弯薄壁型钢约束构造要求下，钢板的结构抗侧性能可以得到充分发挥。本章采用理论推导与有限元参数分析拟合相结合的方式，确定了帽形冷弯薄壁型钢约束钢板结构的结构刚度 K_e、屈服承载力 F_{ym} 和极限承载力 F_{um} 计算公式，得到反映结构抗侧性能的两段式骨架曲线。为了便于在整体结构计算中考虑帽形冷弯薄壁型钢约束钢板结构的抗侧力贡献，可以建立等效代换交叉斜杆模型，并推导了模型相关参数的设置方法。

由第 4 章分析可知，对于帽形冷弯薄壁型钢约束钢板结构，结构抗侧性能充分发挥的主体是内嵌钢板，帽形冷弯薄壁型钢主要起屈曲约束作用。因此，结构设计的主要控制参数是内嵌钢板的高度 H、宽度 L、厚度 t 和材料屈服强度 f_y，帽形冷弯薄壁型钢的设计主要按照满足约束构造要求来实现，使得内嵌钢板的性能得到充分发挥。

在满足连接螺栓间距、卷边构造、帽形冷弯薄壁型钢约束对数和间距以及帽形冷弯薄壁型钢截面设计等约束构造要求 [式(3.4-1)～式(3.4-9)] 的前提下，确定帽形冷弯薄壁型钢约束钢板结构的切线刚度 K_e、屈服承载力 F_{ym} 和极限承载力 F_{um} 计算公式，即可确定反映结构抗侧力性能的两段式骨架曲线，见图 3.5-1，可为结构设计和校核提供参考。

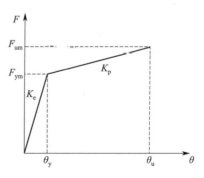

图 3.5-1 两段式骨架曲线

下面将通过理论推导与有限元参数分析拟合相结合的方式，给出不同内嵌钢板高度 H、宽度 L、厚度 t 和材料屈服强度 f_y 的结构切线刚度 K_e、屈服承载力 F_{ym} 和极限承载力 F_{um} 计算公式。有限元参数分析的变量为内嵌钢板的屈服强度 f_y 和钢板宽高比 α 和高厚比 λ，一共计算了 104 个帽形冷弯薄壁型钢约束钢板模型，全部模型均满足式(3.4-1)～式(3.4-9)的帽形冷弯薄壁型钢约束构造要求。

3.5.1 刚度计算公式

帽形冷弯薄壁型钢约束钢板结构在受力初期，帽形冷弯薄壁型钢与钢板会产生面内相对滑动，结构抗侧刚度基本全部来源于钢板的剪切变形。根据材料力学原理，钢板剪切应力 τ 与切应变 γ 之间满足剪切胡克定律，如式（3.5-1）~式（3.5-4）所示：

$$\tau = G \cdot \gamma \tag{3.5-1}$$

式中，G 为剪切模量，钢材 $G = 7.9 \times 10^4 \text{ N/mm}^2$。

屈服前计算式见式（3.5-2）：

$$\tau = \frac{F}{L \cdot t} = G \cdot \gamma = G \cdot \theta \tag{3.5-2}$$

结构切线刚度见式（3.5-3）：

$$K_e = \frac{F}{\theta} \tag{3.5-3}$$

即，见式（3.5-4）：

$$K_e = G \cdot L \cdot t \tag{3.5-4}$$

将按式（3.5-4）理论公式计算得到的结构切线刚度公式计算值 K_{e2} 与有限元模拟值 K_{e1} 的对比（单位：kN/rad）如图 3.5-2 所示。可见，K_{e2} 与 K_{e1} 吻合较好，误差值控制在 5% 以内，结构切线刚度建议按式（3.5-3）计算。

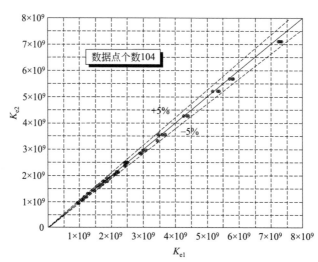

图 3.5-2 结构切线刚度公式计算值 K_{e2} 与有限元模拟值 K_{e1} 的对比（单位：kN/rad）

3.5.2 屈服承载力计算公式

对于帽形冷弯薄壁型钢约束钢板结构来说，内嵌钢板剪切屈服时其剪切屈服承载力名义值 F_y 按式（2.3-1）计算。试验结果表明带有帽形冷弯薄壁型钢约束的钢板，整体结构的屈服承载力 F_{ym} 均大于其剪切屈服承载力名义值 F_y。这是由于在往复荷载作用下，内嵌钢板在整体结构屈服前已有局部区域产生了材料强化，因而整体结构的屈服承载力 F_{ym} 较剪切屈服承载力名义值 F_y 有所提高。

有限元模拟中，钢材的本构采用的是考虑循环强化效应的钢材循环骨架本构，常用应变范围内，循环强化作用可以使得强度提高近 20%，因而模拟结果的结构屈服承载力 F_{ym} 也大于钢板剪切屈服承载力名义值 F_y。定义结构屈服承载力提高系数 β_m 为结构剪切屈服承载力 F_{ym} 与剪切屈服承载力名义值 F_y 的比值，见式(3.5-5)。结构屈服承载力提高系数 β_m 的有限元参数分析结果如图 3.5-3 所示，可以看出，在满足帽形冷弯薄壁型钢约束构造要求下，结构屈服承载力提高系数 β_m 均大于 1。

$$\beta_m = \frac{F_{ym}}{F_y} \tag{3.5-5}$$

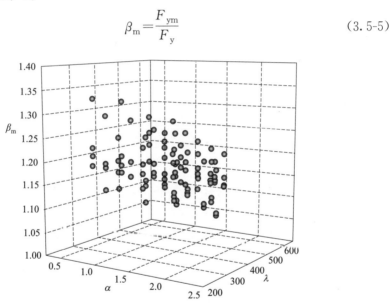

图 3.5-3　结构屈服承载力提高系数 β_m 的有限元参数分析结果

实际受力状态下，帽形冷弯薄壁约束钢板结构在整体屈服前经历的层间位移角较小，往复地震作用次数较试验加载次数也较少，因而钢板材料强化效应有所消减，建议选取结构屈服承载力提高系数 $\beta_m = 1$，计算更具安全性，即满足约束构造建议的帽形冷弯薄壁约束钢板结构屈服承载力 F_{ym} 按式(3.5-6)计算：

$$F_{ym} = \frac{f_y}{\sqrt{3}} \cdot L \cdot t \tag{3.5-6}$$

式中，f_y 为钢材屈服强度；L 为钢板宽度；t 为钢板厚度。

3.5.3 极限承载力计算公式

帽形冷弯薄壁型钢约束钢板结构中，在两侧帽形冷弯薄壁型钢满足约束构造要求的情况下，内嵌钢板在往复剪切荷载作用下可实现材料的强化。在结构整体屈服后，结构承载力还可以随着层间位移角的加大而增长。定义结构极限承载力提高系数 ξ_m 为剪切极限承载力 F_{um} 与剪切屈服承载力名义值 F_y 的比值，见式(3.5-7)。此处结构极限层间位移角 θ_u 参考《高层民用建筑钢结构技术规程》JGJ 99—2015 中弹塑性极限层间位移角选取为 1/50，对应承载力即为结构极限承载力 F_{um}。

$$\xi_m = \frac{F_{um}}{F_y} \tag{3.5-7}$$

统计全部 104 个有限元参数化计算模型得到的极限承载力提高系数 ξ_m，并与屈服强度 f_y 和钢板宽高比 α 和高厚比 λ 三个参数的关系进行拟合，得到帽形冷弯薄壁型钢约束钢板结构的极限承载力提高系数 ξ_m，按式(3.5-8)计算：

$$\xi_m = 0.101\left(3.595 - \sqrt{\frac{f_y}{235}}\right)(5.026 + 0.166^{\alpha})(0.216 + 0.97^{\frac{\lambda}{300}}) \tag{3.5-8}$$

公式拟合的确定系数为 0.975，拟合精度较高。将上述公式计算得到的结构极限承载力提高系数计算值 ξ_{m2} 与有限元参数分析模拟结果得到的结构极限承载力提高系数模拟值 ξ_{m1} 的对比，见图 3.5-4。可见，ξ_{m1} 与 ξ_{m2} 较为吻合，方差为 0.9%，可靠度较高。

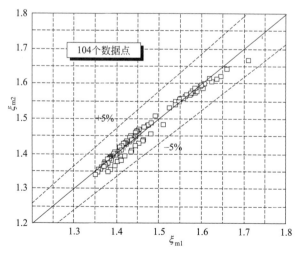

图 3.5-4　结构极限承载力提高系数计算值 ξ_{m2} 与有限元参数分析
模拟结果得到的结构极限承载力提高系数模拟值 ξ_{m1} 的对比

因此，帽形冷弯薄壁型钢约束钢板结构极限承载能力 F_{um} 建议按式(3.5-9)、

式(3.5-10) 计算:

$$F_{um} = \xi_m \cdot \frac{f_y}{\sqrt{3}} \cdot L \cdot t \tag{3.5-9}$$

$$\xi_m = 0.101\left(3.595 - \sqrt{\frac{f_y}{235}}\right)(5.026 + 0.166^\alpha)\left(0.216 + 0.97^{\frac{\lambda}{300}}\right) \tag{3.5-10}$$

3.6 交叉斜杆等代换模型

在高层建筑整体结构的有限元模拟计算中，采用桁架单元建模效率和计算效率更高，因此本书提出采用交叉斜杆模型来等效代换帽形冷弯薄壁型钢约束钢板结构，并实现结构刚度和承载力双重等效简化建模和计算，等效代换交叉斜杆模型见图 3.6-1。

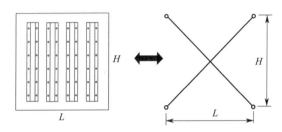

图 3.6-1 等效代换交叉斜杆模型

交叉斜杆模型水平方向尺寸 L 与竖直方向尺寸 H 与帽形冷弯薄壁型钢约束钢板结构内嵌钢板宽度和高度相同。单层钢板等效代换交叉斜杆模型的层间侧移变形示意图如图 3.6-2 所示。杆件 AB 与杆件 CD 完全相同，彼此斜交，在两端与上下层框架分别铰接。在层间侧向力 F 作用下，两杆端 C 点和 B 点产生相同水平层间侧移 Δ，两杆件变形后分别到达 AB' 和 C'D 位置。

交叉斜杆产生水平侧移 Δ 时，杆件 AB 与杆件 CD 相应会产生一定的轴向变形 δ 和反力，从而为结构提供一定的水平抗侧力 F 与外力层间侧向力 F 相平衡，实现与帽形冷弯薄壁型钢约束钢板结构相同的抗侧效果。根据小变形几何关系和材料力学原理，可以得到交叉斜杆模型层间侧向力 F 与水平层间侧移 Δ 的关系，如式(3.6-1) 所示:

$$F = \frac{2L^2}{(L^2 + H^2)^{\frac{3}{2}}} E_s A_s \cdot \Delta \tag{3.6-1}$$

式中，A_s 和 E_s 分别为斜杆的截面面积和材料弹性模量。

式(3.6-1) 仅为双斜杆模型弹性特征，根据帽形冷弯薄壁型钢约束钢板结构两段式骨架曲线受力特征（图 3.5-1)，还可以确定模型屈服后相关特征。已知帽

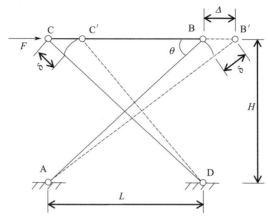

图 3.6-2　单层钢板等效代换交叉斜杆模型的层间侧移变形示意图

形冷弯薄壁型钢约束钢板结构两段式骨架曲线的结构切线刚度 K_e [按式(3.5-3)计算]、屈服承载力 F_{ym} [按式(3.5-6) 计算]、极限承载力 F_{um} [按式(3.5-9)计算] 和极限层间位移角 $\theta_u = 1/50$，计算交叉斜杆模型相关设置参数。

结构初始切线刚度 K_e 按式(3.6-2) 计算：

$$K_e = \frac{F}{\Delta/H} = \frac{2L^2 \cdot H}{(L^2 + H^2)^{\frac{3}{2}}} E_s A_s \qquad (3.6\text{-}2)$$

斜杆截面面积可以按式(3.6-3) 计算：

$$A_s = \frac{(L^2 + H^2)^{\frac{3}{2}}}{2L^2 \cdot H \cdot E_s} \cdot K_e \qquad (3.6\text{-}3)$$

帽形冷弯薄壁型钢约束钢板结构屈服时，此时斜杆的屈服应变 ε_y 按式(3.6-4)计算：

$$\varepsilon_y = \frac{L}{L^2 + H^2} \cdot \Delta_y = \frac{L}{L^2 + H^2} \cdot \theta_y \cdot H = \frac{L \cdot H}{L^2 + H^2} \cdot \frac{F_{ym}}{K_e} \qquad (3.6\text{-}4)$$

则斜杆的材料屈服强度 f_{ys} 可以按式(3.6-5) 计算：

$$f_{ys} = E_s \varepsilon_y = \frac{E_s \cdot L \cdot H}{L^2 + H^2} \cdot \frac{F_{ym}}{K_e} \qquad (3.6\text{-}5)$$

斜杆的材料本构采用双折线模型，则斜杆材料的强化模量 E_{s1} 按式(3.6-6)计算：

$$E_{s1} = E_s \cdot \frac{K_p}{K_e} = \frac{E_s}{K_e} \cdot \frac{F_{um} - F_{ym}}{\theta_u - F_{ym}/K_e} \qquad (3.6\text{-}6)$$

斜杆材料的极限强度 f_{us} 按式(3.6-7) 计算：

$$f_{us} = \frac{F_{um}}{F_{ym}} \cdot f_{ys} \qquad (3.6\text{-}7)$$

综上，根据帽形冷弯薄壁型钢约束钢板结构两段式骨架曲线的已知相关参数，等效代换交叉斜杆模型中的相关设置参数可以全部确定，包括：宽度 L、高度 H、斜杆的材料弹性模量 E_s、强化模量 E_{s1}、屈服应力 f_{ys}、极限强度 f_{us} 以及斜杆的截面面积 A_s。结构设计操作流程图如图 3.6-3 所示。

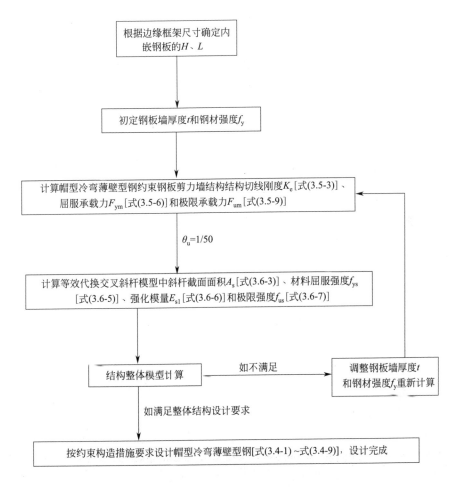

图 3.6-3　结构设计操作流程图

3.7　算例

通过一个具体的算例，说明上述方法的具体使用。

计算条件：结构预留给钢板的净尺寸为 $H=3\text{m}$，$L=5\text{m}$。

首先，初选钢板厚度 $t=10\text{mm}$，钢材屈服强度 $f_y=235\text{MPa}$，计算结构抗

侧刚度与承载力。

按照式（3.5-3）计算约束钢板结构切线刚度 K_e：

$$K_e = G \cdot L \cdot t = 7.9 \times 10^4 \times 5000 \times 10/1000 = 3.95 \times 10^6 \ (\text{kN/rad})$$

按照式（3.5-6）计算约束钢板结构屈服承载力 F_{ym}：

$$F_{ym} = \frac{f_y}{\sqrt{3}} \cdot L \cdot t = \frac{235}{\sqrt{3}} \times 5000 \times 10/1000 \approx 6783.866 \ (\text{kN})$$

按照式（3.5-9）计算约束钢板结构极限承载力 F_{um}，宽高比 $\alpha = 1.67$，高厚比 $\lambda = 300$：

$$\xi_m = 0.101\left(3.595 - \sqrt{\frac{f_y}{235}}\right)(5.026 + 0.166^{\alpha})(0.216 + 0.97^{\frac{\lambda}{300}})$$

$$= 0.101\left(3.595 - \sqrt{\frac{235}{235}}\right)(5.026 + 0.166^{1.67})(0.216 + 0.97^{\frac{300}{300}})$$

$$\approx 1.578$$

$$F_{um} = \xi_m \cdot \frac{f_y}{\sqrt{3}} \cdot L \cdot t = 1.578 \times \frac{235}{\sqrt{3}} \times 5000 \times 10/1000 \approx 10704.940 \ (\text{kN})$$

接下来计算等效代换交叉斜杆模型相关设置参数。

按照式（3.6-3）计算斜杆的截面面积 A_s，初选斜杆材料弹模 $E_s = 210000\text{N/mm}$：

$$A_s = \frac{(L^2 + H^2)^{\frac{3}{2}}}{2L^2 \cdot H \cdot E_s} \cdot K_e = \frac{(5000^2 + 3000^2)^{\frac{3}{2}}}{2 \times 5000^2 \times 3000 \times 210000} \times 3.95 \times 10^9 = 24860 \ (\text{mm}^2)$$

即可设定矩形杆边长为 158 mm。

按照式（3.6-5）计算斜杆的极限强度 f_{ys}，初选斜杆材料弹模 $E_s = 210000\text{N/mm}$：

$$f_{ys} = \frac{E_s \cdot L \cdot H}{L^2 + H^2} \cdot \frac{F_{ym}}{K_e} = \frac{210000 \times 5000 \times 3000}{5000^2 + 3000^2} \times \frac{6783.866}{3.95 \times 10^6} \approx 159 \ (\text{MPa})$$

按照式（3.6-6）计算斜杆的强化模量 E_{s1}

$$E_{s1} = \frac{E_s}{K_e} \cdot \frac{F_{um} - F_{ym}}{\theta_u - F_{ym}/K_e} = \frac{210000}{3.95 \times 10^6} \times \frac{10704.940 - 6783.866}{0.02 - 6783.866/3.95 \times 10^6} \approx 11402 \ (\text{kN/rad})$$

按照式（3.6-7）计算斜杆的极限强度 f_{us}：

$$f_{us} = \frac{F_{um}}{F_{ym}} \cdot f_{ys} = \frac{10704.940}{6783.866} \times 159 \approx 250.902 \ (\text{MPa})$$

在整体结构计算中按上述计算值设置交叉斜杆，建模试算。若不满足整体结构计算要求，可以调整钢板厚度 t 和钢材强度 f_y 重新计算，直至达到要求，然后按式（3.4-1）~式（3.4-9）要求设置帽形冷弯薄壁型钢设置约束构造。

4

方钢管混凝土框架-冷弯薄壁型钢约束钢板剪力墙结构拟静力试验

4.1 试验方案

4.1.1 试件设计

参考天津环球金融中心（天津津塔）的局部结构尺寸共设计 5 个缩尺比例为 1:3 的单跨两层方钢管混凝土框架-钢板剪力墙试件。试件构造和尺寸详图如图 4.1-1 所示。所有试件的总高均为 3380mm，试件一层和二层的钢板剪力墙完全相同；所有试件的框架梁、框架柱截面形式和尺寸均相同，框架柱采用方钢管混凝土柱，方钢管截面尺寸为 200mm×200mm×6mm；为防止试验过程中柱脚提前破坏，柱脚相关区域的方钢管截面尺寸选用 200mm×200mm×10mm 进行局部加强；框架梁采用 H 形钢梁，其中，顶梁和底梁均采用 HN300×150×6.5×9，中梁采用 HN200×100×5.5×8。

在方钢管混凝土框架-钢板剪力墙结构中，钢板剪力墙与鱼尾板主要的连接方式有焊接和螺栓连接，本章研究采用装配式钢板剪力墙形式，内置钢板剪力墙四边通过每边 12 个 10.9 级 M24 摩擦型高强度螺栓将钢板剪力墙与鱼尾板进行连接。方钢管与钢梁采用栓焊节点连接，钢梁腹板与方钢管采用 10.9 级 M18 高强度螺栓连接，钢梁上下翼缘与方钢管采用等强坡口焊，同时方钢管在梁翼缘处进行局部加强。柱脚采用外露式刚性节点，方钢管周围设置 8 道加劲肋保证节点刚度，同时底板配置 10 个 10.9 级 M36 摩擦型高强度螺栓与地梁连接，保证在试验过程中试件不发生相对滑移。

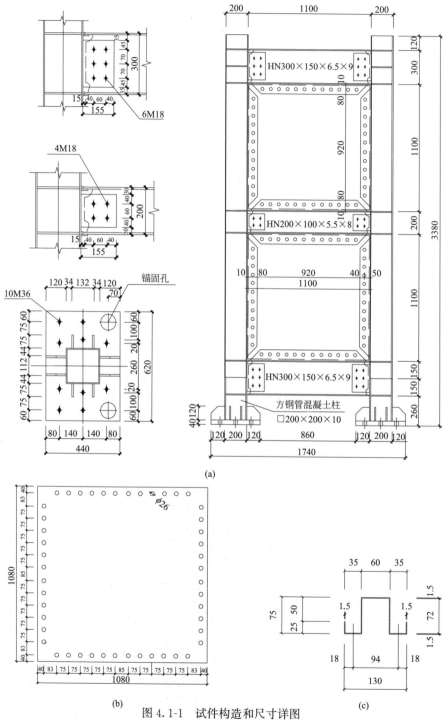

(a)

(b)

图 4.1-1　试件构造和尺寸详图

(a) 方钢管混凝土框架；(b) 试件 F‐FSP0 钢板（同 NRSP 钢板）；(c) 冷弯薄壁型钢截面

(c)

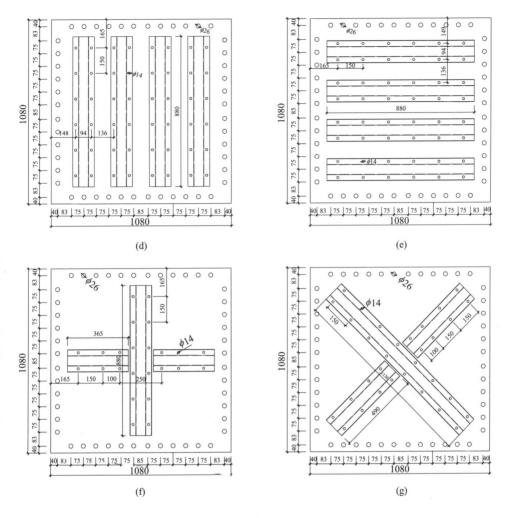

图 4.1-1　试件构造和尺寸详图（续）

(d) 试件 F-FSP1 钢板（同 BRSP3 钢板）；(e) 试件 F-FSP2 钢板；

(f) 试件 F-FSP3 钢板；(g) 试件 F-FSP4 钢板

试件的方钢管、H 形钢梁和钢板材料均采用 Q235B，加载装置和冷弯薄壁型钢采用 Q345B。所有试件采用的钢材均为同一批，材性试样依据《金属材料拉伸试验 第 1 部分：室温试验方法》GB/T 228.1—2021 进行选取，并进行拉伸试验，实测的方钢管、H 形钢梁、内置钢板以及冷弯薄壁型钢钢材的力学性能指标如表 4.1-1 所示。方钢管混凝土柱内混凝土抗压强度依据《混凝土物理力学性能试验方法标准》GB 50081—2019 测量，养护 28d 后测得混凝土立方体试块的平均抗压强度为 31.1MPa。

表 4.1-1

钢材实测力学性能

试件编号	钢材规格	厚度 （mm）	屈服强度 （MPa）	极限强度 （MPa）	弹性模量 （MPa×10^5）
F-FSP0~F-FSP4	钢板	2.67	312	427	2.18
	方钢管 200×200×6	5.63	300	445	2.20
	方钢管 200×200×10	9.56	285	400	2.14
	HN200×100×5.5×8 翼缘	7.94	275	419	2.20
	HN200×100×5.5×8 腹板	5.33	270	424	2.10
	HN300×150×6.5×9 翼缘	8.68	275	408	2.10
	HN300×150×6.5×9 腹板	6.19	242	370	2.11
F-FSP1~F-FSP4	冷弯薄壁型钢	1.45	330	420	2.22

4.1.2 加载装置及加载方案

试验在中国建筑技术中心结构工程试验室完成。水平低周往复荷载由 200t 微机控制电液伺服作动器提供，作动器行程±500mm，作动器固定在反力墙上并放置于试件西（左）侧。试件顶部左右两侧各安装一个加载端板，用于连接试件与作动器。正向加载时，作动器作用于西侧加载端板，对西侧柱顶部施加推向荷载；负向加载时，作动器的拉向荷载通过预应力钢棒传递至东侧加载端板，实现对东侧柱顶部施加拉向荷载，加载装置如图 4.1-2 所示，避免直接对西侧柱顶部施加推拉向荷载造成西侧柱的提前破坏和方钢管管壁与混凝土的脱空现象，影响试验结果。

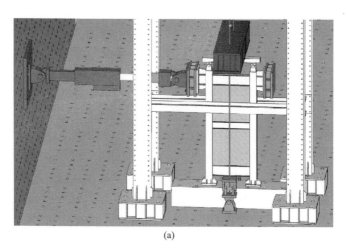

(a)

图 4.1-2 加载装置

（a）加载装置示意

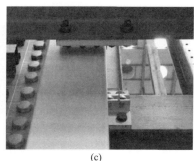

(b)　　　　　　　　　　　　　(c)

图 4.1-2　加载装置（续）

（b）试验加载现场；（c）面外限位滑轮

　　为防止试件在加载过程中发生平面外失稳或发生过大的横向位移，在二层钢板中部区域设置平面外支撑钢梁，并通过面外限位滑轮［图 4.1-2(c)］与钢管混凝土柱接触，避免试件与侧向支撑接触产生摩擦力对试验结果有影响。加载地梁通过 12 根预应力钢棒与地面锚固，每根预应力钢棒施加 1000kN 预紧力，保证地梁与地面不发生相对滑移。

　　所有试件的水平往复荷载均采用拟静力加载方式施加，先推后拉，采用荷载位移双重控制，水平加载制度见图 2.1-6。每个方钢管混凝土柱顶部施加 400kN 的恒定轴压荷载。

4.1.3　量测方案

　　位移计测点布置如图 4.1-3 所示。试件共布置 12 个 LVDT 线性差动变压器式传感器位移计，位移计 D1（量程±200mm）与位移计 D2（量程±200mm）通过临时焊接型钢支架固定于试件顶部，支架端部临时焊接于框架柱顶部外侧面，与作动器中心同一高度，作为控制位移计，两者取平均值作为试件水平位移。东侧框架柱从底梁中心高度处至上层框架中心高度处等间距布置位移计 D3（量程±200mm）、位移计 D4（量程±200mm）、位移计 D5（量程±100mm）、位移计 D6（量程±50mm），用以测量试验中框架柱的变形。西侧框架柱对称布置位移计 D7、D8、D9、D10。在西侧框架柱柱脚底部与地梁西侧均布置 1 个量程为±50mm 的位移计，分别为 D11 与 D12，以消除试验过程中试件与地梁、基础与地面间可能出现的相对滑移对试验结果的影响。

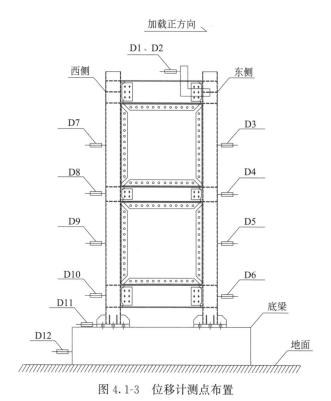

图 4.1-3　位移计测点布置

4.2　试验现象与破坏模式

4.2.1　试件 F－FSP0

1. 试验现象

试件 F－FSP0 试验现象如图 4.2-1 所示。竖向荷载加载完成后，上下两层钢板均有轻微面外鼓曲。水平荷载加载至 300kN 时，二层钢板产生较为明显鼓曲变形，在循环加载过程中，由于钢板鼓曲变形方向切换产生"呼吸效应"，并伴随着轻微鼓响。试件屈服位移约为 $\Delta_y=24$mm，屈服后采用位移控制加载阶段，每级位移加载增量为 $0.5\Delta_y$，每级循环 3 次。

加载至 Δ_y 第 1 级循环阶段时，荷载为 562kN，层间位移角为 1/130，钢板在鼓曲变形时发出轻微噼啪声，钢板开始出现明显面外鼓曲 [图 4.2-1(a)]。当加载至 $-\Delta_y3$ 时（表示位移加载到 $-\Delta_y$，第 3 级循环，下同），钢板四角发生轻微翘曲现象。加载至 $1.5\Delta_y1$ 时（表示位移加载到 $1.5\Delta_y$，第 1 级循环，下同），一层钢板发生明显鼓曲声响，底梁、中梁西侧端部上翼缘产生轻微弯曲，钢梁腹板上油漆出现拉力带。加载至 $2.5\Delta_y3$ 时，层间位移角为 1/52，二层钢板中心正下方 15cm 处出现一处长约 2cm 的穿孔裂口 [图 4.2-1(c)]，东侧方钢管混凝土柱在底梁顶面以上 44cm 处出现一处轻微鼓曲；加载至 $-2.5\Delta_y3$ 时，西侧方钢管混凝土柱在底梁顶面以上 62cm 处出现轻微鼓曲，二层钢板中间原裂缝附近产生一处新的穿孔裂缝，一层钢板右上角部位出现欲穿孔发白折痕。

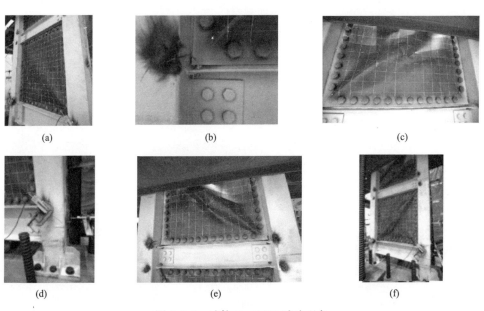

(a)　　　　　　　　　　　(b)　　　　　　　　　　　(c)

(d)　　　　　　　　　　　(e)　　　　　　　　　　　(f)

图 4.2-1　试件 F‑FSP0 试验现象

(a) 加载至 Δ_y1 时钢板面外鼓曲；(b) 加载至 $1.5\Delta_y1$ 时钢梁腹板上油漆出现拉力带；

(c) 加载至 $2.5\Delta_y3$ 时二层钢板中心正下方 15cm 处出现穿孔裂口；

(d) 加载至 $3.5\Delta_y1$ 时东侧柱底开始鼓曲；(e) 加载至 $4\Delta_y3$ 时中梁西侧梁柱节点连接板焊缝撕裂；

(f) 加载至 $-4.5\Delta_y1$ 时二层钢板小裂缝扩展为十字形贯通裂缝

当加载至 $3\Delta_y1$ 时，荷载为 653kN，钢板裂口持续扩展并发出"噔噔"声，可以观察到二层钢板中部穿孔撕裂程度加深，裂口增大，一层钢板右上角褶皱处由于长期弯折出现穿孔现象。加载至 $-3\Delta_y1$ 时，荷载为 -628kN，中梁西侧端部上翼缘焊缝撕裂，翼缘焊缝从方钢管管壁中拉出，与混凝土脱离。加载至 $3\Delta_y3$ 时，东侧一层内嵌钢板底部附近的柱（简称：柱底，下同）出现一处新的鼓曲。当加载至第 3 圈 $-3\Delta_y$ 第 1 级循环时，二层钢板中间区域左上角出现一条新的折痕，中梁西侧端部上翼缘焊缝撕裂程度加剧，中梁右侧下翼缘焊缝也发生撕裂。加载至 $3.5\Delta_y1$ 时，荷载为 652kN，中梁西侧端部下翼缘焊缝也发生撕裂，东侧柱底出现鼓曲 [图 4.2-1(d)]，二层钢板中部穿孔发展为十字形穿孔裂口。当加载至 $3.5\Delta_y3$ 时，试件发出一声巨响，观察二层钢板可以发现相邻两处裂缝有扩展为贯通裂缝的趋势。

当加载至 $4\Delta_y1$ 时，荷载为 646kN，二层钢板发出"嘎嘎"撕裂声响；当加载至 $-4\Delta_y1$ 时，荷载为 -622kN，一层钢板发出"嘎"的脆响声，可以观察到一层钢板沿对角线方向出现两处贯通裂缝，二层钢板中心三道裂缝扩展成为一道大的贯通裂缝。当加载至 $4\Delta_y3$ 时，试件出现巨响，中梁西侧梁柱节点连接板出现焊缝撕裂现象［图 4.2-1(e)］。当加载至 $-4\Delta_y3$ 时，一层钢板中间出现两道新的裂缝，西侧柱底处鼓曲严重。当加载至 $4.5\Delta_y1$ 时，荷载为 597kN，试件发出"嘎"的一声脆响，中梁西侧端部下翼缘焊缝撕裂；当加载至 $-4.5\Delta_y1$ 时，荷载为 -578kN，二层钢板发出"嘎嘎"的撕裂声，二层钢板小裂缝扩展为十字形贯通裂缝［图 4.2-1(f)］；当加载至 $-4.5\Delta_y2$ 时，一层钢板两条裂缝贯通为一条裂缝。当加载至 $5\Delta_y1$ 时，荷载为 527kN，层间位移角为 1/26，试件产生连续两声巨响，观察发现一层钢板左上角产生一道新的裂纹，中梁下翼缘焊缝被完全撕裂，此级荷载低于峰值荷载的 85%，该级荷载加载完毕后，试验结束，停止加载。

2. 破坏模式

试件 F-FSP0 破坏模式如图 4.2-2 所示。可以看到，一层钢板共出现 7 处穿

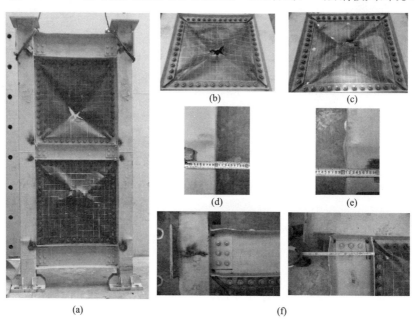

图 4.2-2　试件 F-FSP0 破坏模式

(a) 整体破坏示意图；(b) 二层钢板放大图；(c) 一层钢板放大图；
(d) 西侧柱底；(e) 东侧柱底；(f) 顶梁变形

孔裂缝，最大的裂缝位于钢板中部上方约 15cm 的区域，该裂缝长达 35cm，并与 2 条裂缝相交形成交叉裂口。裂缝大多出现在两对角线方向的交叉点附近，这是由于往复加载引起钢板的"呼吸效应"，钢板在沿对角线方向的拉力带交叉点附近形成褶皱，褶皱部位的钢板在多次往复荷载作用下逐渐积累塑性变形，最后出现疲劳损伤，形成撕裂裂口。二层钢板中心附近裂缝形成一个 X 形贯穿裂缝，经测量，该裂缝最长处约为 30cm。一层和二层钢板破坏模式略有差异，二层钢板裂缝集中在钢板中心附近，一层钢板裂缝位置除在中心附近外，还有斜向拉力带端部等，较为分散。

试件共有 6 处梁柱连接，部分梁柱连接处出现翼缘焊缝撕裂现象，连接板与框架柱连接均没有出现破坏。试件顶梁、中梁与底梁翼缘均有不同程度的变形，梁腹板有明显的拉力带出现，顶梁和底梁在单侧钢板拉力带的作用下出现向钢板方向挠曲的现象，螺栓群出现滑移现象。顶梁变形最大，两端翼缘向外侧隆起，变形最大处翼缘间距由初始的 30cm 扩大至 32cm；顶梁梁柱连接焊缝撕裂现象最严重。

试件整体破坏遵循"剪力墙-梁-柱"的破坏顺序，符合"剪力墙是第一道防线"的抗震设防要求。方钢管混凝土框架柱柱脚均未出现鼓曲破坏，鼓曲破坏发生在一层柱底处，即底梁顶面以上约 10cm 位置，且出现位置两边对称，符合预期破坏模式。

4.2.2 试件 F-FSP1

1. 试验现象

试件 F-FSP1 试验现象如图 4.2-3 所示。当加载至 400kN 时，钢板发出轻微声响，加载至 500kN 时，二层钢板中部两个冷弯薄壁型钢约束件（以下简称约束件）中间区格处钢板出现轻微鼓曲变形，约束件随着钢板的鼓曲出现扭转，此时观察到荷载-位移滞回曲线出现明显拐点，试件进入屈服阶段，屈服位移约为 $\Delta_y = 12mm$。

加载至 $2\Delta_y 1$ 时，荷载为 542kN，层间位移角为 1/130，一层钢板中间区格出现轻微鼓曲现象。加载至 $-2\Delta_y 1$ 时，荷载为 474kN，二层钢板角部均发生不同程度的翘曲变形，二层钢板中部约束件下侧卷边构造出现屈曲变形。加载至 $-3\Delta_y 1$ 时，荷载为 -654kN，试件发出"噔"脆响声。加载至 $3\Delta_y 3$ 时，相邻约束件之间的钢板出现多道斜向短拉力带。加载至 $4\Delta_y 1$ 时，荷载为 699kN，一层钢板出现明显鼓曲，一层东侧柱底出现轻微鼓曲；加载至 $-4\Delta_y 1$ 时，荷载为 -668kN，一层钢板由于鼓曲变形方向切换产生"呼吸效应"并伴随着鼓响；加载至 $4\Delta_y 3$ 时，钢板中间出现多处褶皱，底梁上翼缘在钢板的拉力作用下轻微弯曲；加载至 $-4\Delta_y 3$ 时，西侧柱底出现鼓曲，中梁右端下翼缘焊缝出现开裂。

加载至 $5\Delta_y3$ 时，层间位移角为 1/52，试件连续发出两声"噔"脆响声，此时二层中间两个约束件底部的钢板出现第一处穿孔裂口，长约 1.5cm，东侧柱底在底梁顶面以上 45cm 处出现一处新的鼓曲。加载至 $-5\Delta_y3$ 时，西侧柱底发生轻微鼓曲。加载至 $-6\Delta_y1$ 时，荷载为 -681kN，一层钢板在第 2 个约束件（自左向右顺序，下同）的左上角部位出现开裂，第 1、2 个约束件中间钢板出现灰白色折痕；加载至 $6\Delta_y3$ 时，一层钢板左上角折痕发展为裂口；加载至 $-6\Delta_y3$ 时，钢板与鱼尾板螺栓连接滑移，试件出现连续"噔噔"声响，一层钢板在第 3 个约束件底部出现裂口，同时约束件顶部裂口开始水平向扩展。

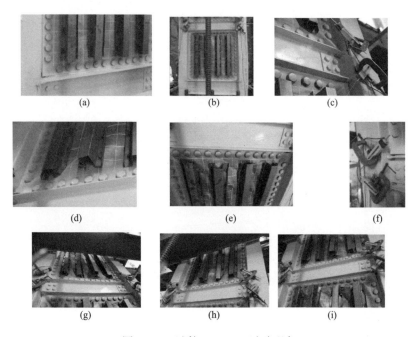

图 4.2-3　试件 F-FSP1 试验现象

（a）加载至 $2\Delta_y1$ 时一层钢板出现轻微鼓曲；（b）加载至 $4\Delta_y1$ 时一层钢板鼓曲；

（c）加载至 $-4\Delta_y3$ 时中梁右下翼缘焊缝开裂；（d）加载至 $5\Delta_y3$ 时二层钢板穿孔裂口；

（e）加载至 $6\Delta_y3$ 时一层钢板左上角开裂；（f）加载至 $-7\Delta_y1$ 时钢板穿孔；

（g）加载至 $7\Delta_y3$ 时一层钢板在第 1、2 个约束件中间区格部位出现斜向穿孔；

（h）加载至 $8\Delta_y1$ 时二层钢板第 4 个约束件底部出现裂口；（i）加载至 $-8\Delta_y1$ 时钢板形成贯通裂口

加载至 $-7\Delta_y1$ 时，荷载为 -662kN，钢板发出撕裂声，一层钢板在第 2、3 个约束件中间顶部区域出现穿孔，中梁西侧端部上翼缘焊缝撕裂；加载至 $7\Delta_y3$ 时，一层钢板在第 1、2 个约束件中间区格部位出现斜向穿孔；加载至 $-7\Delta_y3$ 时，二层钢板第 1 个约束件底部出现横向裂口，一直扩展至螺栓孔处。加载至 $8\Delta_y1$ 时，荷载为 626kN，二层钢板在第 4 个约束件底部部位出现裂缝并贯通至鱼尾板螺栓处；加载至 $-8\Delta_y1$，荷载为 545kN，一层钢板在约束件顶部、底部处出现开裂，裂缝贯通形成一道大裂口，此级荷载低于峰值荷载的 85%，该级荷载加载完毕后，试验结束，停止加载。

2. 破坏模式

试件 F‐FSP1 破坏模式如图 4.2-4 所示。可以看出上下两层钢板都出现不同程度的开裂和钢板残余塑性变形，其中一层钢板整体的褶皱较二层钢板多，说明一层钢板塑性比二层钢板发挥得更充分。

一层钢板共出现 7 处穿孔裂口，其中撕裂程度较严重的为一层钢板第 1、2 个约束件顶部贯通裂口，裂口从第 2 个约束件顶部最下侧螺栓一直扩展至边缘螺栓处，中间与第 1 约束件顶部裂口贯通形成大裂缝。第 3 约束件顶部裂口横向扩展，延伸至第 4 个约束件并向边缘扩展。一层钢板上方角部均产生一道沿鱼尾板边缘方向长约 15cm 斜向裂口，一层钢板中间只有 2 处穿孔，穿孔程度较边缘裂口小，钢板中心为一处 7cm 长的 X 形孔，第 1、2 个约束件中间区格为一处长约 3.5cm 斜向裂口。

二层钢板共出现 5 处裂口，与一层钢板不同的是裂口均出现在钢板的边缘位置，钢板中间并未出现明显的穿孔裂缝。其中明显的裂口为第 2、3 个约束件底部的贯通裂口，裂口从第 2 个约束件底部一直延伸至第 3 个约束件底部，从正面看钢板已经与鱼尾板完全脱离，裂口左右两端受拉力带的影响并有斜向上扩展的趋势。此外，左下角裂口由边缘鱼尾板螺栓处向内扩展，延伸至第 1 个约束件底部。钢板边缘裂口主要由于钢板的"呼吸效应"使鱼尾板边缘处的钢板受到反复弯折，导致该部位钢板出现疲劳损伤断裂。

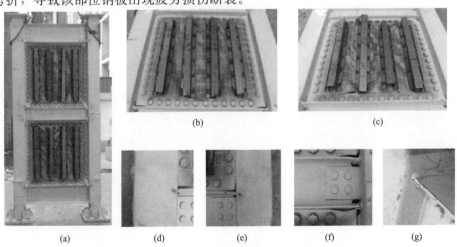

图 4.2-4 试件 F‐FSP1 破坏模式
（a）整体破坏示意图；（b）二层钢板放大图；（c）一层钢板放大图；
（d）西侧柱底；（e）东侧柱底；（f）中梁变形；（g）二层顶梁

从图 4.2-4(d) 和图 4.2-4(e) 可以看出，试件东、西两侧方钢管混凝土框架柱柱底附近均出现明显鼓曲。试件 F‑FSP1 的底梁、中梁以及顶梁翼缘只有略微弯曲，塑性变形较小，只在中梁端部与顶梁西侧端部出现焊缝撕裂，与试件 F‑FSP0 相比，梁柱连接焊缝撕裂破坏程度相对较低。

整体来说，布置了冷弯薄壁型钢约束的试件 F‑FSP1 整体破坏程度低于试件 F‑FSP0，特别是边缘框架的破坏，说明设置约束构造对整体结构的抗震性能以及使用性能有明显提升，可减少钢板对边缘框架的附加荷载。

4.2.3 试件 F‑FSP2

1. 试验现象

试件 F‑FSP2 试验现象如图 4.2-5 所示。试件在荷载加载阶段，伴随着冷弯件与钢板的摩擦滑移声响。在整个荷载加载阶段，即屈服前，钢板没有明显的面外屈曲变形，结合荷载-位移滞回曲线和试验现象，取试件屈服位移 $\Delta_y =$ 12mm。加载至 $\Delta_y 3$ 时，一层钢板右上角角部钢板出现轻微翘曲现象。加载至 $2\Delta_y 1$ 时，钢板中间区域轻微面外鼓曲，一层和二层钢板左下角出现翘曲现象；加载至 $-2\Delta_y 1$ 时，一层钢板出现明显面外鼓曲变形，中间约束件端部卷边构造发生轻微弯曲。加载至 $3\Delta_y 3$ 时，钢板出现"呼吸效应"产生鼓响，同时可以观察到，约束件会随着钢板鼓曲变形方向的变化而转动。

加载至 $4\Delta_y 1$ 时，一层钢板中间区域出现轻微折痕，观察中梁腹板漆面出现竖向剥离条带，底梁腹板漆面出现一条横向剥离条带，表明钢梁腹板已出现剪切变形。加载至 $-4\Delta_y 1$ 时，底梁两端翼缘出现轻微弯曲，加载至 $4\Delta_y 3$ 与 $-4\Delta_y 3$ 时，柱底均出现轻微鼓曲。整个 $4\Delta_y$ 加载完成后，两层钢板褶皱增多，并已经出现明显的折痕，残余变形明显，表明大部分钢板已进入了塑性。加载至 $5\Delta_y 1$ 时，荷载为 736kN，层间位移角为 1/52，加载过程中试件发出连续"噔噔"声响，偶尔出现钢板撕裂巨响；加载至 $-5\Delta_y 1$ 时，荷载为 -719kN，中梁东侧翼缘下部焊缝撕裂；加载至 $5\Delta_y 3$ 时，东、西侧柱底相继出现新的鼓曲。

加载至 $6\Delta_y 1$ 时，一层钢板中部出现第一道撕裂裂缝，长约 3cm，一层钢板在第 1、2 个约束件（自上向下）中间区域折痕处呈灰白状，已接近开裂；加载至 $-6\Delta_y 1$ 时，一层钢板在西侧鱼尾板顶部螺栓部位出现严重滑移，中梁西侧端部上下翼缘焊缝均出现撕裂现象，一层钢板中间裂缝向两侧横向扩展；加载至 $6\Delta_y 3$ 时，一层钢板中部裂缝发展为十字形裂口，二层钢板中部折痕形成一道长约 4cm 的裂口，加载至 $-6\Delta_y 3$ 时，一层钢板西侧鱼尾板顶部螺栓出现严重滑移，同时中梁西侧端上下翼缘焊缝均撕裂。

加载至 $-7\Delta_y 1$ 时，二层钢板中部约束件左端螺栓孔处钢板撕裂破坏严重，中梁西侧端部上翼缘焊缝撕裂，腹板螺栓出现滑移现象；加载至 $-7\Delta_y 3$ 时，一层钢板右上角出现两道斜向裂口。加载至$-8\Delta_y3$时，钢板中间几处裂缝扩展形成贯通裂缝，此级荷载低于峰值荷载的85%，试验结束，停止加载。

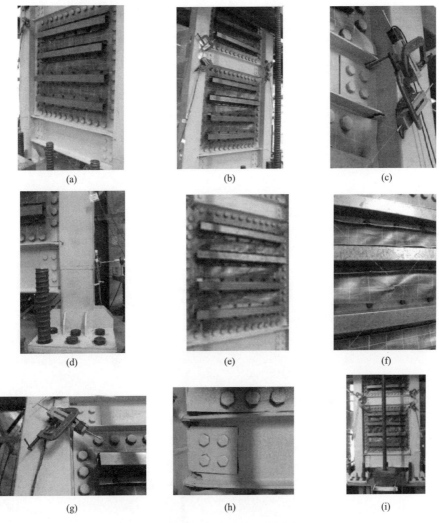

图 4.2-5 试件 F‒FSP2 试验现象

（a）加载至$-2\Delta_y1$时一层钢板鼓曲；（b）加载至$4\Delta_y3$时钢板残余变形明显；

（c）加载至$-5\Delta_y1$时中梁东侧下翼缘焊缝撕裂；（d）加载至$5\Delta_y3$时柱底出现新的鼓曲；

（e）加载至$6\Delta_y1$时一层钢板中部出现裂缝；（f）加载至$6\Delta_y3$时一层钢板中部出现十字形裂口；

（g）加载至$-6\Delta_y3$时一层钢板西侧鱼尾板顶部螺栓出现严重滑移；（h）加载至$-6\Delta_y3$时中梁西侧端

上下翼缘焊缝均撕裂；（i）加载至$-7\Delta_y3$时一层钢板右上角出现两道斜向裂口

2. 破坏模式

试件 F‒FSP2 破坏模式如图 4.2-6 所示。

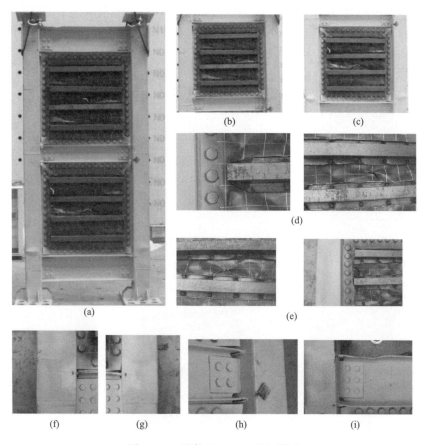

(a)　　　　　　　　　　　　　　(b)　　　　　　　　　　(c)

(d)

(e)

(f)　　　　　　(g)　　　　　　(h)　　　　　　(i)

图 4.2-6　试件 F-FSP2 破坏模式

（a）整体破坏示意图；（b）二层钢板放大图；（c）一层钢板放大图；（d）二层钢板撕裂裂缝；
（e）一层钢板撕裂裂缝；（f）西侧柱底；（g）东侧柱底；（h）中梁变形；（i）二层顶梁变形

可以看出，一层和二层钢板均出现严重的撕裂破坏，一层钢板比二层钢板破坏程度稍严重。一层钢板共有 9 处撕裂裂缝，其中有两处较大的撕裂裂缝：一处位于钢板中心，斜向最长处约 17cm，呈十字形扩展，十字形下端延伸至第 3 个约束件螺栓处；另一处位于钢板西侧，由西侧鱼尾板第 2 颗螺栓延伸至第 2 个约束件端部螺栓处，长度约 23cm。二层钢板共有 8 处撕裂裂缝，与一层钢板破坏模式相似，最大的两处裂缝分别出现在钢板中心和钢板西侧，中心处裂缝与一层钢板不同的是其未形成十字形裂缝，而是向左斜向发展，长度约为 16cm。

试件底梁端部翼缘仅出现轻微弯曲变形，而中梁与顶梁弯曲变形明显，可以看到，中梁西侧与东侧端部上下翼缘焊缝均被撕裂，顶梁端部上翼缘焊缝也出现撕裂现象。东、西两侧柱鼓曲部位均发生在柱底附近，破坏位置符合预期。

4.2.4　试件 F‑FSP3

1. 试验现象

试件 F‑FSP3 试验现象如图 4.2-7 所示。当加载至 200kN 时，钢板出现轻微面外变形，加载过程中伴随着钢板与冷弯件的摩擦滑移声响。加载至 300kN 时，二层钢板左下角区格出现平面外鼓曲，同时带动中间竖向屈曲约束件出现轻微扭转变形。当加载至 500kN 时，由于冷弯件将一、二层钢板分成四个区格，区格内钢板出现短拉带，钢板"呼吸效应"出现在各区格内，加载过程中，各区格内钢板先后产生巨大鼓响声。当加载至位移约为 $\Delta_y=12$mm 时，试件开始屈服，开始采用位移控制加载，起始加载级为 Δ_y，位移增量为 Δ_y，每级循环 3 次。

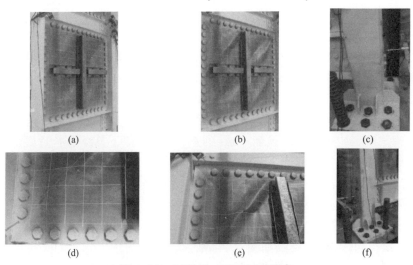

(a)　　　　　　　　　　(b)　　　　　　　　　　(c)

(d)　　　　　　　　　　(e)　　　　　　　　　　(f)

图 4.2-7　试件 F‑FSP3 试验现象

（a）500kN 时一层、二层钢板分为四个区格；（b）加载至 $-3\Delta_y3$ 时一层、二层钢板区格出现褶皱变形；

（c）加载至 $4\Delta_y1$ 时柱底鼓曲；（d）加载至 $-4\Delta_y3$ 时二层钢板左下角区格中心出现穿孔；

（e）加载至 $5\Delta_y$ 时一层钢板中部产生十字形裂口；（f）加载至 $-5\Delta_y3$ 时西侧柱底鼓曲

加载至 Δ_y3 时，二层钢板竖向屈曲约束件右下角卷边构造出现弯曲变形；加载至 $-\Delta_y3$ 时，观察到二层钢板左上角、左下角、右下角区格内钢板面外鼓曲方向相同，且与右上角区格内钢板鼓曲方向相反；一层钢板变形模态呈中心对称趋势，左上角、右下角区格内钢板鼓曲方向相同，且与左下角、右上角区格内钢板鼓曲方向相反。加载至 $2\Delta_y2$ 时，二层钢板左下角部位出现翘曲变形。加载至 $-3\Delta_y1$ 时，荷载为 -617kN，可以明显看出，两层钢板竖向屈曲约束件的卷边构造均出现不同程度变形，同时钢板角部已经出现明显的褶皱，加载过程中钢板产生的鼓响声变弱，表明钢板已大面积进入塑性；加载至 $-3\Delta_y3$ 时，一、二层钢板所有区格均出现不同程度的褶皱变形，其中一层钢板左上角与二层钢板右上角区格内钢板褶皱变形最明显。

加载至 $4\Delta_y1$ 时，东侧柱底出现轻微鼓曲，中梁两端翼缘开始出现轻微弯曲变形；加载至 $-4\Delta_y1$ 时，西侧柱底出现轻微鼓曲；加载至 $4\Delta_y3$ 时，二层钢板左下角区格中心部位由于鼓曲方向反复切换，拉力带交叉点附近钢板出现穿孔，穿孔长约 3cm，右上角区格钢板折痕呈灰白色，有开裂趋势，东侧柱底出现一处新的鼓曲，鼓曲程度较小；加载至 $-4\Delta_y3$ 时，二层钢板左下角区格中心出现穿孔现象，一层钢板左上角出现穿孔现象，西侧柱底出现新的鼓曲。

加载至 $5\Delta_y$ 时，一层钢板中部产生十字形裂口。加载至 $5\Delta_y3$ 时，层间位移角为 1/52，一层钢板左上角裂缝发展为十字形裂口，左下区格与右下区格中心也发展为新的裂口，二层钢板左下区格中心处裂缝也发展为十字形裂口，可以观察到，所有钢板穿孔位置均出现在区格内拉力带交叉点附近。加载至 $-5\Delta_y3$ 时，西侧柱底出现鼓曲现象。加载至 $6\Delta_y1$ 时，只有二层钢板右下区格还未出现裂口，其余区格裂口在钢板模态来回切换变形状态下均发展成为十字形裂口。加载至 $6\Delta_y3$ 时，一层钢板左上角角部区域出现斜向裂口，东侧柱底处出现面外鼓曲。

加载至 $-7\Delta_y1$ 时，一层钢板左下角角部区域出现斜向裂口，中梁左端上翼缘焊缝撕裂。加载至 $8\Delta_y1$ 时，二层钢板西侧鱼尾板下部焊缝开裂，一层钢板右下角角部出现斜向裂口；加载至 $-8\Delta_y1$ 时，中梁东侧下翼缘焊缝撕裂，顶梁左端上翼缘焊缝撕裂；加载至 $8\Delta_y2$ 时，螺栓滑移，出现连续的"噔噔"声响。加载至 $9\Delta_y1$ 时，中梁西侧下端翼缘焊缝撕裂，西侧柱底区域向钢板内侧鼓曲，荷载在此加载阶段下降至峰值荷载的 85%，试验结束。

2. 破坏模式

试件 F-FSP3 破坏模式如图 4.2-8 所示。可以看出，钢板的开裂破坏主要集中在各个区格内，区格内的钢板破坏模式和试件 F-FSP0 相似，表明约束件可以较好约束钢板的屈曲变形，使每个区格相对独立。以一层钢板左上角区格与二层钢板右下角区格为例进行分析。

一层钢板左上角区格的十字形裂口是所有区格中最大的，斜向长度达 18cm，面外屈曲变形达 11cm。由于该区格内钢板鼓曲变形多次反向，在拉力带交叉点附近钢板发生疲劳损伤断裂，出现撕裂裂口，随着位移荷载增大裂缝沿褶皱方向扩展开裂。二层钢板右下角区格出现 4 处十字形裂口，面外屈曲变形较一层钢板左上角区格小，但该区格内钢板的褶皱相对较多。

约束件端部卷边构造也都出现了不同程度的弯曲变形，约束件中部螺栓孔附近卷边构造屈曲。试件 F-FSP3 的底梁与中梁整体变形不大，只有轻微的弯曲变形，但是中梁梁柱节点处出现了焊缝撕裂现象；顶梁变形相对于底梁和中梁整体变形较大，端部上翼缘出现了波浪形屈曲。东、西侧框架柱和前述试件的破坏模式一样，也是柱底发生鼓曲破坏，符合预期的破坏模式。

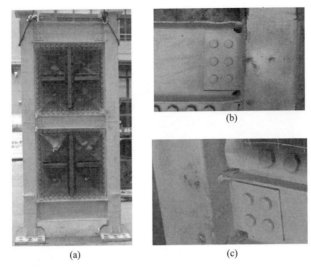

图 4.2-8 试件 F－FSP3 破坏模式

（a）整体破坏示意图；（b）二层顶梁变形；（c）中梁变形

4.2.5 试件 F－FSP4

1. 试验现象

试件 F－FSP4 试验现象如图 4.2-9 所示。当荷载加载至－100kN 时，试件伴随着冷弯件与钢板的摩擦声响；当荷载加载 300kN 时，一层钢板右下区域出现轻微鼓曲变形；当荷载加载 400kN 时，两层钢板均出现轻微鼓曲。屈服位移约为 Δ_y＝12mm 时试件进入屈服阶段，采用位移控制加载，初始加载级为 Δ_y＝12mm，每级位移增量为 Δ_y，每级循环 3 次。

加载至 Δ_y1 时，荷载为 416kN，层间位移角为 1/259，一层钢板右下区格靠近斜向屈曲约束件处出现面外鼓曲，二层钢板左上区格靠近约束件处出现面外鼓曲变形，方向与一层钢板相同位置相反，此时斜向屈曲约束件随着钢板面外鼓曲变形而发生扭转。加载至 $-\Delta_y1$ 时，加劲件与钢板间发出连续密集的滑移声响，随着位移的加载，二层钢板鼓曲变形反向，由于屈曲约束的作用，该斜向拉力带被截断，变成两道短拉力带；上半区格内的拉力带出现在上侧约束件下部，而下半区格内的拉力带出现在下侧约束件上部；二层钢板变形与一层钢板基本一致。可以看出，当位移分别加载至 Δ_y1 和 $-\Delta_y1$ 时，钢板的面外鼓曲变形形态有所不同，这是由于两个斜向屈曲约束件并不相同，其中一个约束件是通长的，能够有效阻断拉力带，而另一个约束件在钢板中心位置断开，由两个短约束件组成，对钢板面外变形的限制效果不如长约束件好。从承载力也能看出，正向加载时，钢板拉力带被非通长约束件拦截，此时钢板仍存在明显屈曲变形，承载力较低；

负向加载时，拉力带被长约束件拦截，钢板的面外屈曲变形被限制，有利于发挥钢材强度，承载力比正向要高。

图 4.2-9　试件 F-FSP4 试验现象

（a）试件安装正视图；（b）试件安装侧视图；（c）加载至 $2\Delta_y3$ 时二层钢板翘曲；
（d）加载至 $4\Delta_y1$ 时约束件螺栓孔处钢板被撕裂；（e）加载至 $-5\Delta_y1$ 时中梁西侧上翼缘焊缝撕裂；
（f）加载至 $-6\Delta_y2$ 时钢板撕裂裂口贯通；（g）加载至 $6\Delta_y3$ 时东侧柱底出现一处新的面外鼓曲；
（h）加载至 $9\Delta_y3$ 时西侧柱在鼓曲部位方钢管管壁开裂；（i）加载至 $-9\Delta_y3$ 时一层钢板长
约束件从中部断裂

加载至 $2\Delta_y3$ 时，二层钢板左下角与右上角出现翘曲现象；加载至 $-2\Delta_y3$ 时，二层钢板右下角翘曲位置出现轻微褶皱。加载至 $3\Delta_y1$ 时，钢板出现一道斜向的主拉力带，一层钢板斜向屈曲约束件端部卷边构造出现屈曲变形，向内弯曲；加载至 $-3\Delta_y1$ 时，二层钢板在拉力带两侧出现两道新的拉力带；加载至 $3\Delta_y3$ 时，所有约束件卷边构造都出现不同程度的弯曲，二层钢板左下角区域出现明显褶皱。

加载至 $4\Delta_y1$ 时，钢板出现一声巨响，考虑可能是约束件螺栓孔处钢板被撕裂；加载至 $-4\Delta_y1$ 时，钢板鼓曲变形反向发出一声轻微鼓响，观察柱底发现，西侧柱底附近出现轻微鼓曲；加载至 $4\Delta_y3$ 时，东侧柱底也出现轻微鼓曲；加载至 $-4\Delta_y3$ 时，西侧柱底出现新的一处鼓曲。加载至 $5\Delta_y1$ 时，荷载为662kN，层间位移角为1/52，东侧柱底附近出现一处新的鼓曲，一层钢板长约束件中部螺栓处钢板发生撕裂，此处为试件 F-FSP4 第一处穿孔裂缝，同时可以看到长约束件中部翼缘出现鼓曲现象。加载至 $-5\Delta_y1$ 时，中梁西侧上翼缘焊缝撕裂，二层钢板长约束件端部螺栓出现明显滑移；加载至 $5\Delta_y3$ 时，一层钢板螺栓穿孔处裂缝持续扩展，二层钢板长约束件中部螺栓也出现螺栓孔处钢板撕裂现象；加载至 $-5\Delta_y3$ 时，钢板发出"噔"的一声撕裂巨响。

加载至 $6\Delta_y1$ 时，一层钢板长约束件下端螺栓孔处钢板出现新的撕裂裂缝；加载至 $-6\Delta_y1$ 时，钢板出现连续两声"噔"声，一层钢板长约束件中间螺栓孔处2道裂缝扩展为1道长裂缝，同时观察柱底可以发现，西侧柱底出现面外鼓曲，一层钢板西侧鱼尾板顶部螺栓由于滑移加大形成了撕裂裂口；加载至 $-6\Delta_y2$ 时，钢板出现连续的"噔噔"声音，伴随着几声撕裂巨响钢板撕裂裂口贯通；加载至 $6\Delta_y3$ 时，东侧柱底附近出现一处新的面外鼓曲，加载过程中钢板出现一声巨响，观察到一层钢板长约束件中部螺栓孔区域出现新的撕裂裂缝，原有裂缝扩展最终形成贯通的大裂缝。

加载至 $7\Delta_y3$ 时，一层钢板长约束件破坏严重，冷弯件顶部与腹板均出现撕裂裂缝，螺栓孔旁钢板裂缝开始向四周扩展；二层钢板长约束件中部腹板略微屈曲，但变形程度不如一层钢板严重，同时裂缝扩展速度也比较缓慢。

加载至 $8\Delta_y1$ 时，东侧柱底处出现一处新的面外鼓曲；加载至 $-8\Delta_y3$ 时，中梁右端下翼缘焊缝撕裂，一层钢板右下角短约束件的右下角螺栓孔处钢板撕裂；加载至 $8\Delta_y3$ 时，二层钢板长约束件中部卷边构造撕裂。加载至 $9\Delta_y3$ 时，试件发出连续"噔噔"声响，中梁左端下翼缘焊缝撕裂，西侧柱底鼓曲部位方钢管管壁出现开裂，混凝土压碎漏出；加载至 $-9\Delta_y3$ 时，一层钢板长约束件从中部断裂，其中一层钢板右下角短约束件面外屈曲变形最大，约为5cm。

2. 破坏模式

试件 F-FSP4 破坏模式如图 4.2-10 所示。

从图中可以看出，钢板撕裂裂缝均出现在约束件螺栓孔附近，其中一层钢板破坏最严重。一层钢板长约束件在中部位置出现断裂，裂缝贯通整个约束件截面，断裂截面附近约束件的卷边构造变形也非常严重，表明钢板中部区域变形明

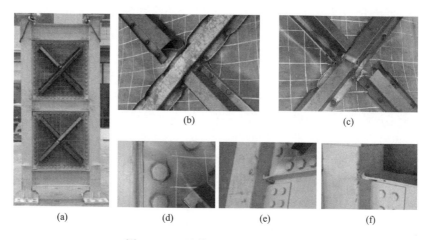

图 4.2-10 试件 F-FSP4 破坏模式

（a）整体破坏示意图；（b）二层钢板；（c）一层钢板长约束件断裂；
（d）一层钢板螺栓孔附近出现开裂；（e）中梁左端上翼缘出现焊缝撕裂；
（f）顶梁左端上翼缘出现焊缝撕裂

显，与冷弯件的相互作用力较大。此外，伴随着螺栓孔附近钢板裂缝扩展到一起，形成贯通大裂缝，可以看到该处冷弯件与钢板脱离并观察到螺杆，约束件面外屈曲变形最大处达 10cm，整体裂缝呈斜向十字形发展。

一层钢板西侧鱼尾板顶部螺栓孔裂缝呈竖向发展。二层钢板破坏程度比一层钢板轻，长约束件没有从中部断裂，不过约束件卷边构造出现了撕裂，同时中部螺栓孔处仍然存在撕裂裂缝，但这些裂缝扩展程度远不如一层钢板严重。此外裂缝还出现在钢板角部翘曲处，这些裂缝是由于钢板反复褶皱形成的斜向裂缝。试件底梁与中梁翼缘轻微弯曲，而顶梁翼缘出现波浪形屈曲变形，中梁左端上翼缘与顶梁左端上翼缘均出现焊缝撕裂现象。此外试件 F-FSP4 西侧柱底鼓曲部位出现开裂。

4.3 试验结果分析

4.3.1 荷载-位移滞回曲线

图 4.3-1～图 4.3-5 分别为试件 F-FSP0～F-FSP4 荷载-位移（$F-\Delta$）滞回曲线。可以看出，所有试件均经历了弹性阶段、弹塑性阶段以及破坏阶段。在加载初期，试件整体处于弹性阶段，此时试件的荷载与位移呈线性关系，内嵌钢板处于近似平面受力状态，荷载-位移滞回曲线包络面积较小。随着荷载的增加，内嵌钢板剪力墙出现鼓曲，形成斜向拉力带，拉力带充分发育后形成拉杆效应，

承担结构大部分荷载；当荷载开始反向加载时，绷直的拉力带立刻卸载，出现承载力大幅度下降的现象，此时钢板的主要受力部位变为近似平面受力状态的屈曲约束覆盖区域。可以观察到被屈曲约束覆盖区域面积更大的试件 F‐FSP1 与试件 F‐FSP2 的卸载段荷载也是最高的，这说明屈曲约束覆盖区域面积大小影响钢板剪力墙的刚度、承载力和破坏模式。此外，对于约束钢板剪力墙，在位移加载过程中，未被屈曲约束覆盖的区域出现短斜向拉力带；当加载至后期，试件达到极限承载力，此时由于钢板的"呼吸效应"，钢板屈曲变形不断切换方向导致钢板褶皱区域出现撕裂裂缝，出现穿孔裂缝后，钢板整体受力性能受到削减，随着位移荷载的增加，面外变形增大，裂缝开始向四周扩展，钢板退出工作的区域增多，承载力及耗能能力快速下降。

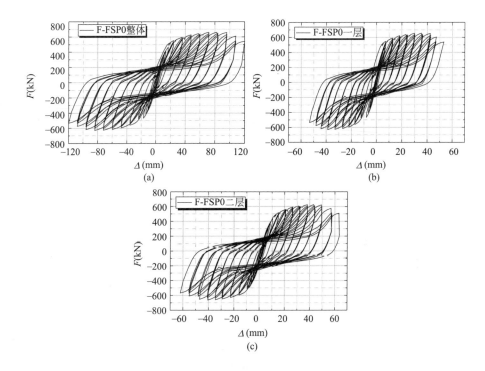

图 4.3-1　试件 F‐FSP0 荷载-位移（F‐Δ）滞回曲线
（a）整体；（b）一层；（c）二层

对比各试件一、二层钢板荷载-位移滞回曲线可以发现，除 F‐FSP1 之外，其余试件二层的荷载-位移滞回曲线比一层要饱满，典型特征为随着位移荷载的增大，二层钢板首先出现面外鼓曲变形，此时滞回环逐渐张开，形成 Z 字形；而一层钢板出现面外鼓曲变形时间滞后于二层钢板，滞回环张开时间也稍晚于一层钢板。试件 F‐FSP1 一层的荷载-位移滞回曲线比二层要饱满，这是由于在试验

冷弯薄壁型钢约束钢板剪力墙结构

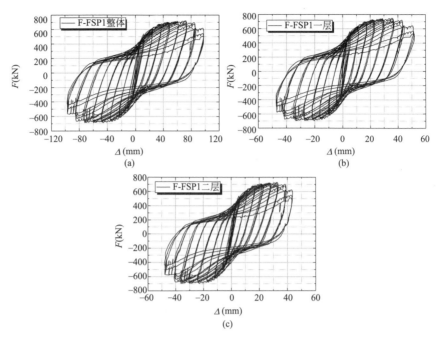

图 4.3-2　试件 F‑FSP1 荷载-位移（F-Δ）滞回曲线

（a）整体；（b）一层；（c）二层

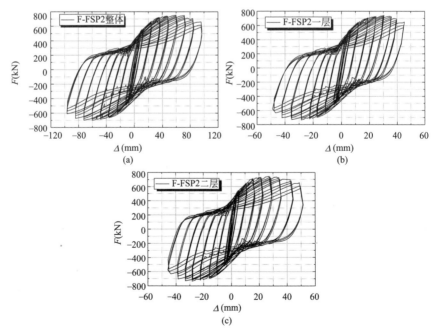

图 4.3-3　试件 F‑FSP2 荷载-位移（F-Δ）滞回曲线

（a）整体；（b）一层；（c）二层

126

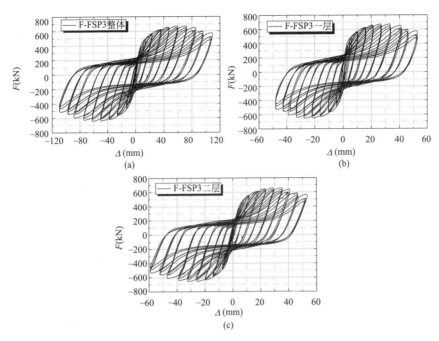

图 4.3-4 试件 F－FSP3 荷载-位移（F-Δ）滞回曲线

（a）整体；（b）一层；（c）二层

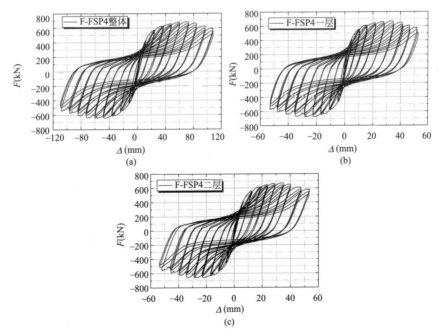

图 4.3-5 试件 F－FSP4 荷载-位移（F-Δ）滞回曲线

（a）整体；（b）一层；（c）二层

过程中, 二层钢板从边缘开始撕裂破坏, 中部钢板未充分发挥其力学性能。

为更好地对比各试件荷载-位移滞回曲线的特征, 现将上述 5 个试件分为 4 组, 绘制两两对比荷载-位移滞回曲线, 不同试件荷载-位移 (F-Δ) 滞回曲线对比如图 4.3-6 所示。

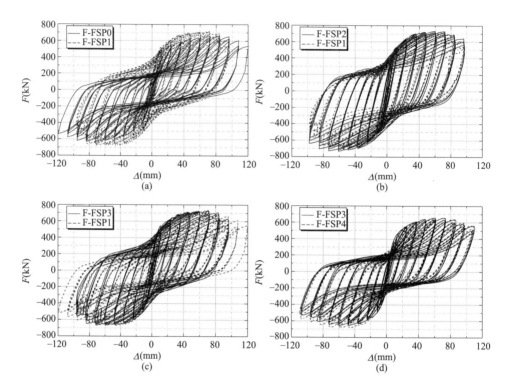

图 4.3-6 不同试件荷载-位移 (F-Δ) 滞回曲线对比

(a) 试件 F-FSP0 和试件 F-FSP1; (b) 试件 F-FSP1 和试件 F-FSP2;
(c) 试件 F-FSP1 和试件 F-FSP3; (d) 试件 F-FSP3 和试件 F-FSP4

图 4.3-6(a) 为试件 F-FSP0 与试件 F-FSP1 荷载-位移滞回曲线对比, 可以发现, 设置了屈曲约束后, 钢板剪力墙初始刚度得到显著提高, 同时屈服承载力、极限承载力都得到了显著提高, 同时, 荷载-位移滞回曲线包络面积也明显大于试件 F-FSP0。由于存在屈曲约束, 试件 F-FSP1 内嵌钢板斜向拉力带被截断, 钢板面外屈曲变形减小, 平面内受力状态区域增多, 钢板的力学性能能够得到充分发挥。

图 4.3-6(b) 为试件 F-FSP1 与试件 F-FSP2 荷载-位移滞回曲线对比。由前文所述试验现象可知, 这两个试件的试验现象与破坏模式有较大差异, 但是这组试件荷载-位移滞回曲线形态、捏缩段荷载、包络面积等均较为相似。与此规

律类似的还有十字形屈曲约束试件 F-FSP3 与斜向屈曲约束试件 F-FSP4，如图 4.3-6(d) 所示。图 4.3-6(c) 为试件 F-FSP1 与试件 F-FSP3 荷载-位移滞回曲线对比，可以看出试件 F-FSP3 冷弯薄壁型钢设置的数量较少对钢板的屈曲约束作用不如试件 F-FSP1 强，因此承载力较低，特别是捏缩段荷载。表明冷弯薄壁型钢约束覆盖区域钢板面积反映对钢板的屈曲约束作用，并对钢板剪力墙的承载能力和耗能能力等方面有正相关影响。

4.3.2 耗能能力

根据试验结果绘制等效黏滞阻尼系数 h_e 与位移 Δ 的关系曲线如图 4.3-7 所示，图中可以看出，各试件等效黏滞阻尼系数与位移的关系曲线典型特征一致，首先有一段下降段，随着水平荷载的增加，当钢板进入屈服阶段出现鼓曲时，曲线进入快速增长阶段，当整体结构达到极限承载力时开始缓慢下降。对比各试件发现，所有设置了屈曲约束的钢板剪力墙的等效黏滞阻尼系数 h_e 相比于未设置屈曲约束的钢板剪力墙均有较大幅度提高。

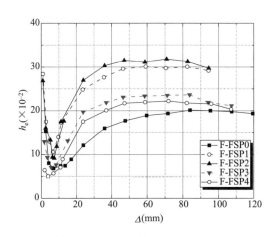

图 4.3-7 等效黏滞阻尼系数 h_e 与位移 Δ 的关系曲线

各试件一、二层和整体总耗能见表 4.3-1，可以看到各试件的一层和二层总耗能大致相等，说明在整体框架结构中，各层钢板剪力墙总耗能趋于一致。相比于试件 F-FSP0，带竖向四对屈曲约束的试件 F-FSP1 总耗能提高 26.15%，带水平向四对屈曲约束的试件 F-FSP2 总耗能提高 38.51%，十字形屈曲约束试件 F-FSP3 总耗能提高 7.93%，斜向屈曲约束试件 F-FSP4 总耗能提高 5.96%。通过上述分析可知，设置屈曲约束对钢板剪力墙的耗能能力有明显的提升，对比试件 F-FSP1、F-FSP2 与试件 F-FSP3、F-FSP4 可以发现，屈曲约束对数的增多也能够提高试件的耗能能力。

冷弯薄壁型钢约束钢板剪力墙结构

各试件一、二层和整体总耗能 表 4.3-1

试件编号	位置	加载圈数	极限层间位移角（rad）	总耗能（kN·m）
F-FSP0	整体	31	0.038	1118.37
	一层		0.040	491.08
	二层		0.047	596.10
F-FSP1	整体	29	0.031	1410.81
	一层		0.038	718.33
	二层		0.036	658.32
F-FSP2	整体	31	0.031	1549.00
	一层		0.035	743.23
	二层		0.036	777.53
F-FSP3	整体	31	0.035	1207.028
	一层		0.039	607.26
	二层		0.043	576.56
F-FSP4	整体	31	0.035	1184.98
	一层		0.039	606.46
	二层		0.040	556.40

4.3.3 荷载-位移骨架曲线

将试验所得的荷载-位移滞回曲线各加载级第一循环的峰值荷载点连接得到试件的荷载-位移骨架曲线，各试件荷载-位移（F-Δ）骨架曲线如图 4.3-8 所示。可以看出，试件处于弹性阶段时，水平荷载与水平位移呈线性变化；达到屈服点后，试件进入弹塑性阶段，荷载继续增加，但试件弹塑性刚度明显降低；达到峰值点后，试件的承载力迅速降低，当荷载降至峰值荷载的 85% 时停止加载，得到试件的极限点。

对比 5 个试件的骨架曲线可以发现，设置了屈曲约束能够明显提高试件的承载能力。同时观察到未设置屈曲约束的试件 F-FSP0 屈服以后，承载力仅有小幅度提升便进入下降段，而其余设置了屈曲约束的试件屈服之后承载力均有一定程度的强化，尤其是设置了水平向四对屈曲约束的试件 F-FSP2 与竖向四对屈曲约束的试件 F-FSP1，强化效果更明显。对比各试件一层、二层荷载-位移骨架曲线发现，试件 F-FSP2 两层钢板荷载-位移骨架曲线几乎重合，说明试件 F-FSP2 两层钢板性能均得到了有效发挥，查看试件破坏形态可以发现，试件 F-FSP2 上下两层钢板的撕裂裂缝、褶皱出现位置几乎一致，破坏非常接近。

130

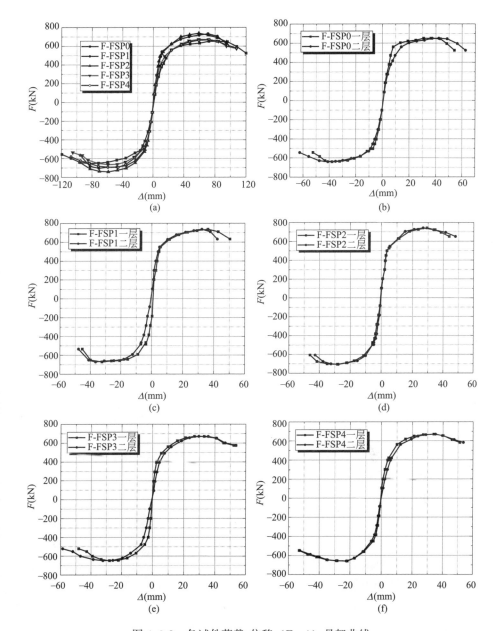

图 4.3-8　各试件荷载-位移（F-Δ）骨架曲线

（a）整体；（b）试件 F-FSP0；（c）试件 F-FSP1；（d）试件 F-FSP2；
（e）试件 F-FSP3；（f）试件 F-FSP4

各试件的延性用系数来评估，采用 Park 法确定荷载-位移骨架曲线屈服点，将各试件荷载-位移骨架曲线特征点数据（表 4.3-2）汇总。

各试件荷载-位移骨架曲线特征点数据　　　　　　表 4.3-2

试件编号	位置	加载方向	屈服点		峰值点		极限点		延性系数
			荷载 (kN)	位移 (mm)	荷载 (kN)	位移 (mm)	荷载 (kN)	位移 (mm)	
F-FSP0	整体	推（+）	536.43	21.70	652.80	82.13	527.13	119.65	5.51
		拉（一）	510.20	20.63	632.28	83.62	536.63	119.61	5.80
		平均	523.32	21.17	642.54	82.87	531.88	119.63	5.65
	一层	推（+）	542.54	7.41	652.80	36.29	527.13	54.41	7.34
		拉（一）	505.21	9.09	632.28	38.71	536.63	53.41	5.87
		平均	523.88	8.25	642.54	37.50	531.88	53.91	6.61
	二层	推（+）	526.24	12.08	652.80	42.25	527.13	62.93	5.21
		拉（一）	529.36	11.54	632.28	41.98	536.63	63.68	5.52
		平均	527.80	11.81	642.54	42.12	531.88	63.30	5.36
F-FSP1	整体	推（+）	573.84	15.93	730.86	70.47	626.20	94.53	5.93
		拉（一）	565.68	19.60	681.57	71.23	544.81	95.77	4.89
		平均	569.76	17.77	706.22	70.85	585.50	95.15	5.41
	一层	推（+）	577.25	8.33	730.86	36.56	626.20	50.98	6.12
		拉（一）	554.62	7.14	681.57	32.91	544.81	45.99	6.44
		平均	565.93	7.73	706.22	34.73	585.50	48.49	6.28
	二层	推（+）	575.73	7.28	730.86	32.61	626.20	42.72	5.87
		拉（一）	565.19	10.79	681.57	37.21	544.81	48.55	4.50
		平均	570.46	9.03	706.22	34.91	585.50	45.63	5.18
F-FSP2	整体	推（+）	587.26	18.85	736.11	58.76	644.90	94.66	5.02
		拉（一）	586.93	19.54	718.83	58.85	619.08	96.22	4.93
		平均	587.10	19.19	727.47	58.80	631.99	95.44	4.97
	一层	推（+）	583.94	8.87	736.11	29.88	644.90	44.68	5.04
		拉（一）	586.00	9.40	718.83	28.54	619.08	46.68	4.96
		平均	584.97	9.13	727.47	29.21	631.99	45.68	5.00
	二层	推（+）	584.95	8.53	736.11	27.33	644.90	48.81	5.72
		拉（一）	595.72	8.94	718.83	28.00	619.08	43.30	4.84
		平均	590.33	8.73	727.47	27.67	631.99	46.05	5.28
F-FSP3	整体	推（+）	544.33	21.42	670.93	58.58	574.78	107.43	5.02
		拉（一）	516.14	18.14	643.86	59.30	517.38	105.47	5.81
		平均	530.24	19.78	657.39	58.94	546.08	106.45	5.41
	一层	推（+）	539.04	8.94	670.93	27.44	574.78	52.97	5.93
		拉（一）	510.91	6.86	643.86	27.67	517.38	48.09	7.01
		平均	524.98	7.90	657.39	27.55	546.08	50.53	6.47
	二层	推（+）	549.52	11.62	670.93	30.26	574.78	54.38	4.68
		拉（一）	517.29	10.23	643.86	32.05	517.38	58.71	5.74
		平均	533.40	10.92	657.39	31.16	546.08	56.55	5.21

试件编号	位置	加载方向	屈服点		峰值点		极限点		延性系数
			荷载 (kN)	位移 (mm)	荷载 (kN)	位移 (mm)	荷载 (kN)	位移 (mm)	
F-FSP4	整体	推（+）	565.16	25.12	667.78	71.93	579.51	107.24	4.27
		拉（一）	555.13	21.88	672.70	45.92	561.07	107.72	4.92
		平均	560.15	23.50	670.24	58.93	570.29	107.48	4.60
	一层	推（+）	563.81	10.68	667.78	34.35	579.51	51.71	4.84
		拉（一）	548.85	9.56	672.70	21.78	561.07	53.22	5.57
		平均	556.33	10.12	670.24	28.06	570.29	52.46	5.20
	二层	推（+）	566.67	13.45	667.78	35.43	579.51	54.06	4.02
		拉（一）	560.12	10.90	672.70	22.39	561.07	52.83	4.85
		平均	563.40	12.17	670.24	28.91	570.29	53.45	4.43

在屈服荷载方面，与未设置屈曲约束的试件 F-FSP0 相比，其余设置屈曲约束的试件的屈服荷载均有提高，其中，试件 F-FSP2 提高最多，约为 12.19%；其次为试件 F-FSP1 提高约为 8.87% 以及斜向屈曲约束试件 F-FSP4 提高约为 7.04%；而试件 F-FSP3 提高幅度最小，约为 1.32%。设置了屈曲约束的试件总体上对提高方钢管混凝土框架-钢板剪力墙的屈服荷载是有利的，适当设置屈曲约束能够有效地限制钢板的面外屈曲，从而提高整体的屈服强度。

此外，从表 4.3-3 还可以看出，所有试件均存在二层框架屈服荷载稍大于一层框架的规律。例如试件 F-FSP2 一层的屈服荷载为 584.97kN，而二层为 590.33kN。当受到同样的水平荷载时，一层钢板相比于二层钢板会提前屈服，这与试验中观察到的现象一致，即一层钢板面外屈曲稍早于二层钢板。

在极限承载力方面，与未设置屈曲约束的试件 F-FSP0 相比，其余设置屈曲约束的试件的极限承载力均有不同程度的提高，其中试件 F-FSP2 提高约为 13.22%，试件 F-FSP1 提高约为 9.91%，试件 F-FSP4 和试件 F-FSP3 分别提高约 4.31% 和 2.31%，提升幅度较小。从上述对比可以看出，随着约束设置的数量增多，试件的极限承载力也会相应地增加，说明冷弯薄壁型钢的设置对钢板剪力墙的屈曲约束效果非常明显。

在延性方面，可以看出所有试件延性系数没有明显的差异，表明在方钢管混凝土框架-冷弯薄壁型钢约束钢板剪力墙结构中，边缘框架对结构的延性贡献较大，钢板设置冷弯薄壁型钢约束对提高整体结构的延性方面基本没有影响。

4.3.4 刚度退化

循环荷载下，结构在同一荷载水平下的位移逐渐增大，表现出刚度退化。为对比不同冷弯薄壁型钢约束形式对试件刚度退化的影响，采用峰值割线刚度 K_i

对试件的刚度进行评价。

各试件峰值刚度-位移（K-Δ）曲线如图4.3-9所示。从图4.3-9可以看到每个试件的刚度退化趋势是一致的，其退化特征主要分为两个阶段，第一阶段为试件屈服前，第二阶段为试件屈服后。在试件屈服前，试件F-FSP1、试件F-FSP2的初始刚度是最大的，以第一循环刚度为例，试件F-FSP1和试件F-FSP2初始刚度分别为114.69kN/mm与103.45kN/mm，其次是试件F-FSP3、试件F-FSP4，初始刚度分别为75.40kN/mm和62.82kN/mm，试件F-FSP0刚度最小，为53.09kN/mm。可以看出，屈曲约束对钢板剪力墙的初始刚度提高效果明显；随着荷载的增加，钢板剪力墙逐渐屈服，此时刚度退化明显，可以看到所有试件割线刚度均下降到几乎同一水平上，约束钢板剪力墙试件刚度基本退化为与非加劲钢板剪力墙试件一致。当试件进入承载中后期，此时钢板已基本全面进入屈曲阶段，框架柱与钢板共同承担水平荷载，塑性变形逐渐稳定，各试件的刚度退化曲线相对平缓。

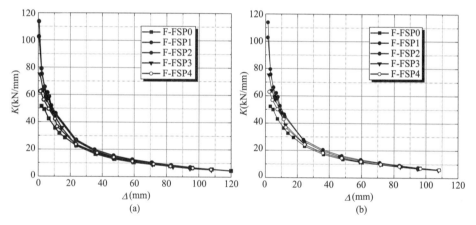

图4.3-9　各试件峰值刚度-位移曲线（K-Δ）

（a）第一循环；（b）第二循环

4.3.5　柱侧向位移分析

方钢管混凝土框架-钢板剪力墙在顶部水平荷载作用下，两侧框架柱会产生整体侧向位移和内嵌钢板剪力墙拉场力的水平分力下柱的挠曲变形。根据柱的挠曲变形规律，可以了解内嵌钢板作用在柱上的拉场力的大小，柱的挠曲变形越大，内嵌钢板对柱的作用力越大，表明钢板的面外鼓曲变形越明显。根据试验前设置在东侧框架柱的位移计实测数据，绘制出不同试件各个加载阶段东侧框架柱整体位移曲线，如图4.3-10所示。其中，横坐标为框架柱各测点水平位移值，推为正，拉为负，纵坐标为各测点相对于试件最低处截面的标高。

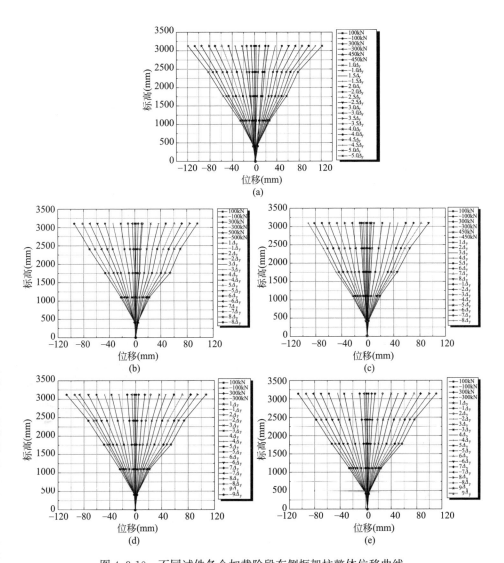

图 4.3-10　不同试件各个加载阶段东侧框架柱整体位移曲线

（a）试件 F－FSP0；（b）试件 F－FSP1；（c）试件 F－FSP2；（d）试件 F－FSP3；（e）试件 F－FSP4

从图 4.3-10 中可以看出，在荷载加载控制阶段，框架柱几乎没有挠曲变形，此时钢板剪力墙的拉力带效应未形成，对柱的横向作用力比较小，结构整体处于弹性工作阶段，框架柱沿高度方向水平位移呈线性发展。在位移加载控制阶段，钢板剪力墙鼓曲后形成拉力带，此时对框架柱产生向钢板中心方向的拉力，可以看出在 Δ_y 加载级时，两层柱中部测点开始内凹，但此时钢板剪力墙对柱的水平拉力较小，层间挠度较小。随着水平位移的增大，框架柱侧各测点的水平位移也相应增大，每层框架柱的柱中向钢板内部的挠度也相应增大。同时可以看到，当对结构提供推力时，东侧框架柱中有挠曲变形；当水平荷载对结构提供反向拉力时，东侧框架柱沿高度方向的水平位移呈线性关系。表明在水平力作用下，受压一侧柱的挠曲变形明显，钢板对柱的作用力较大。

　　为了便于对比不同屈曲约束形式的内嵌钢板与边柱的相互作用，选取柱顶位移为 60mm 时二层柱中的水平位移进行对比分析。图 4.3-10 中可以看出，柱顶位移为 60mm 时，各试件的二层柱中水平位移由大到小依次是：试件 F-FSP2、试件 F-FSP1、试件 F-FSP3、试件 F-FSP4 和试件 F-FSP0，则相应的柱的挠曲变形顺序从大到小依次为：试件 F-FSP0、试件 F-FSP4、试件 F-FSP3、试件 F-FSP1 和试件 F-FSP2。柱的挠曲变形越小，柱受到内嵌钢板的拉场力越小，冷弯薄壁型钢对钢板的屈曲约束效果越好，钢板越接近平面受力状态，钢板的强度发挥越充分。

5

方钢管混凝土框架-冷弯薄壁型钢约束钢板剪力墙结构设计方法

5.1 有限元模型及建立

采用有限元分析软件 ABAQUS 进行数值研究，在 ABAQUS/Standard 分析模块中采用 Newton-Raphson 法求解平衡方程，并在整个研究过程中，采用了带有自适应自动稳定方法的通用静态求解器来提高计算的收敛性。由于有限元模型中存在复杂的材料非线性、几何非线性和边界约束条件非线性，使得有限元模型在模拟试验滞回加载求解过程中收敛十分困难，且计算周期较长，考虑到研究重点关注的是结构的初始刚度、屈服承载力和峰值承载力，选择合适的材料本构，采用单向推覆加载同样可以在结构的初始刚度、屈服承载力和峰值承载力方面取得较好的模拟结果，且可以大大提高模型收敛性和计算效率。因此，采用单向加载的方式对试件进行有限元模拟。

5.1.1 材料本构

本章采用的钢材材料本构与第 3 章相同，其中钢板剪力墙采用循环强化本构模型，见式(3.1-1)，其中参数 a、b_0、b_1、b_2 根据试验结果进行标定；方钢管、H 形钢梁和冷弯薄壁型钢的钢材本构采用由拉伸试验确定的真实应力-应变关系。

混凝土模型采用 ABAQUS 自带的混凝土塑性损伤模型。混凝土塑性损伤模型的关键参数主要包括混凝土的膨胀角 ψ、偏心率、双轴受压强度与单轴抗压强度之比 f_{b0}/f_{ck}、初始屈服面上拉、压应力子午线第二应力不变量的比值 K、黏

137

度系数、弹性模量、泊松比、受压行为以及受拉行为。

膨胀角 ψ 是 ABAQUS 定义塑性势能方程所需的参数之一，在 ABAQUS 中，ψ 的允许值为 $0°\sim56°$，文献中取方形截面混凝土膨胀角为 $40°$。

偏心率和黏度系数分别取为 -1.0 和 0，对于双轴与单轴抗压强度之比 f_{b0}/f_{ck}，根据文献的研究成果，采用式(5.1-1)进行计算：

$$f_{b0}/f_{ck}=1.5f_{ck}^{-0.075} \tag{5.1-1}$$

比值 K 是确定混凝土塑性损伤模型屈服面的重要参数之一，通常取 $0.5\sim1$，在 ABAQUS 软件中通常默认取值为 $2/3$，采用 ABAQUS 提供的默认值。

参考 ACI 318M-05 的规定，混凝土的弹性模量取 $4730\sqrt{f_c'}$，泊松比取 0.2。

采用韩林海等提出的考虑钢管屈曲约束效应影响的核心混凝土等效单轴受压本构关系来模拟混凝土的受压行为，见式(5.1-2)~式(5.1-7)：

$$y=\begin{cases} 2x-x^2 & (x\leqslant1) \\ \dfrac{x}{\beta_0(x-1)^\eta+x} & (x>1) \end{cases} \tag{5.1-2}$$

$$x=\frac{\varepsilon}{\varepsilon_0},y=\frac{\sigma}{\sigma_0},\sigma_0=f_c',\xi=\sum\frac{f_yA_s}{f_{ck}A_c} \tag{5.1-3}$$

$$\varepsilon_0=\varepsilon_c+800\cdot\xi^{0.2}\cdot10^{-6} \tag{5.1-4}$$

$$\varepsilon_c=(1300+12.5\cdot f_c')\cdot10^{-6} \tag{5.1-5}$$

$$\eta=1.6+1.5/x \tag{5.1-6}$$

$$\beta_0=\frac{(f_c')^{0.1}}{1.2\sqrt{1+\xi}} \tag{5.1-7}$$

式中，ξ 是套箍系数，f_c' 是混凝土圆柱体试块轴压强度，f_{ck} 是混凝土标准强度。

参考 CEB-FIP MC90 的规定，采用断裂能来模拟混凝土的受拉行为，断裂能 G_F 按式(5.1-8)计算：

$$G_F=(0.0469d_{max}^2-0.5d_{max}+26)\left(\frac{f_c'}{10}\right)^{0.7} \tag{5.1-8}$$

式中，d_{max} 是混凝土最大粗骨料粒度，无参考值时可以取 20mm。

5.1.2 单元类型及网格尺寸

在有限元模型中，方钢管、型钢、钢板剪力墙等钢材厚度均远小于其高度和宽度，同时为了避免完全积分单元剪切闭锁现象的发生，所有钢材部件均选择考虑大变形的线性减缩薄壳单元（S4R）。模型中核心混凝土单元采用 8 节点减缩积分实体单元（C3D8R）。通过对网格进行收敛性研究，并考虑时间成本、计算精度，确定有限元模型中的方钢管、混凝土、钢梁和钢板剪力墙单元的网格尺寸为 30mm×30mm，冷弯薄壁型钢网格尺寸为 15mm×15mm，试件有限元模型如图 5.1-1 所示。

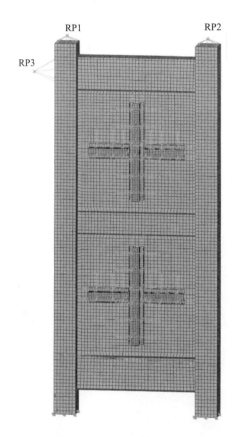

图 5.1-1　试件有限元模型

5.1.3　边界约束条件

　　加载装置主要由顶部的竖向荷载分配梁、将试件锚固于地面且不允许水平滑移的地梁、传递作动器水平荷载的加载端板等组成，地梁的主要作用是将试件锚固，使其与地面不发生相对滑动。试验过程中的监测数据表明地梁具有足够的刚度来锚固试件，因此有限元模型中简化地梁，对柱采用固接处理，限制柱底 6 个方向的自由度。考虑到顶部分配梁可以均匀的将竖向力分配给两侧框架柱，在有限元模型中建立参考点 RP1、RP2，参考点 RP1、

RP2 分别"Coupling"耦合东、西侧方钢管混凝土柱的柱顶，竖向荷载通过参考点 RP1、RP2 施加给方钢管混凝土柱，同时限制两参考点的平面外（垂直水平荷载的加载方向）的位移来实现试验加载过程中的横梁对试件平面外的屈曲约束作用。建立参考点 RP3，将 RP3 与西侧框架柱顶在顶梁高度范围内的柱外侧钢板"Coupling"耦合，水平荷载通过参考点 RP3 施加到试件上。

5.1.4　界面相互作用关系

钢板剪力墙四边采用"tie"约束与方钢管混凝土柱绑定，方钢管与混凝土界面采用面-面接触，在界面法线方向采用硬接触，切线方向采用库仑摩擦接触，摩擦系数为 0.6。

5.1.5　初始缺陷

方钢管混凝土框架-钢板剪力墙结构的初始几何缺陷依据有限元模型的特征值屈曲分析结果，选取合理的两阶屈曲模态进行叠加，作为结构的初始几何缺陷形状，试件有限元屈曲模态如图 5.1-2 所示，并根据文献的建议取内嵌钢板高度的 1/1000 作为初始缺陷最大变形量。

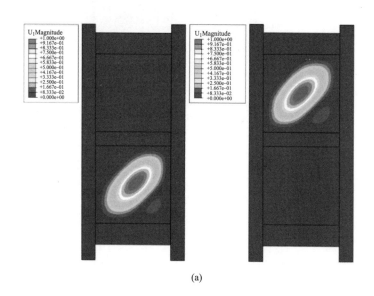

(a)

图 5.1-2　试件有限元屈曲模态

（a）试件 F－FSP0

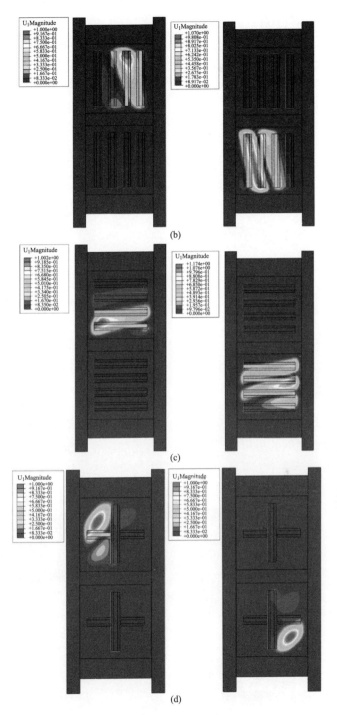

图 5.1-2 试件有限元屈曲模态（续）

（b）试件 F - FSP1；（c）试件 F - FSP2；（d）试件 F - FSP3

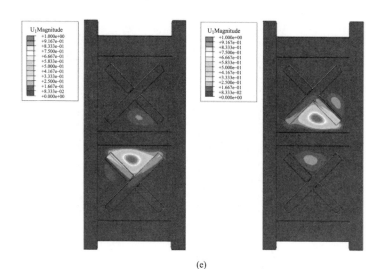

(e)

图 5.1-2　试件有限元屈曲模态（续）

（e）试件 F–FSP4

5.2　有限元模型验证

5.2.1　破坏模式对比

图 5.2-1 为试验与有限元模型破坏模式对比，可以看出，在内嵌钢板的变形形态、冷弯薄壁型钢的扭转变形和柱底的鼓曲变形等方面，有限元模型计算结果均与试验结果吻合较好。不过有限元模型中没有考虑钢材的损伤断裂，所以无法对试件内嵌钢板的开裂部位进行精准模拟。

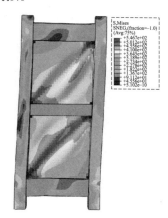

(a)

图 5.2-1　试验与有限元模型破坏模式对比

（a）试件 F–FSP0

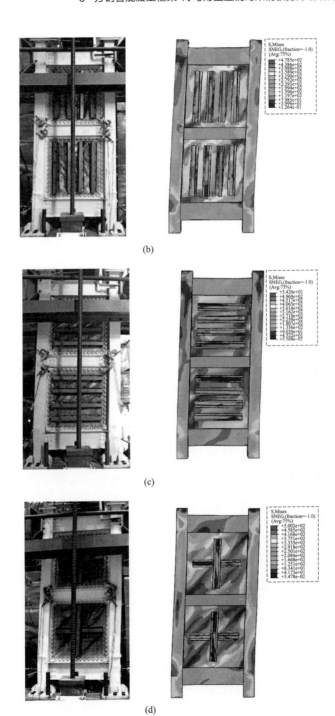

(b)

(c)

(d)

图 5.2-1 试验与有限元模型破坏模式对比（续）

（b）试件 F‑FSP1；（c）试件 F‑FSP2；（d）试件 F‑FSP3

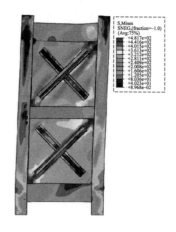

(e)

图 5.2-1　试验与有限元模型破坏模式对比（续）

（e）试件 F‑FSP4

5.2.2　荷载‑位移骨架曲线对比

图 5.2-2 为试验与有限元模型荷载‑位移（F‑Δ）骨架曲线对比，可以看出有限元计算得到的荷载‑位移曲线与试验结果吻合较好，初始刚度和承载力均比较接近。由于有限元模型中没有考虑试验中后期试件出现的钢板开裂、梁柱节点焊缝撕裂等行为，因此，有限元计算曲线没有出现下降段。表 5.2-1 为有限元计算得到的试件承载力与试验结果的对比，可以看出有限元模型在屈服承载力和峰值承载力计算方面有较高的精度，与试验结果的偏差约在 7％以内。

有限元计算得到的试件承载力与试验结果的对比　　　　　表 5.2-1

承载力	试件	F‑FSP0	F‑FSP1	F‑FSP2	F‑FSP3	F‑FSP4
屈服承载力	试验（kN）	536.4	573.8	587.2	544.3	565.1
	模拟（kN）	561.5	592.6	615.2	582.8	540.8
	试验/模拟	0.96	0.97	0.95	0.93	1.04
峰值承载力	试验（kN）	652.8	730.8	736.1	670.9	667.7
	模拟（kN）	667.8	758.5	712.6	662.5	670.5
	试验/模拟	0.98	0.96	1.03	1.01	1.00

通过上述有限元模型和试验结果对比可以看出，利用实测试件的尺寸、材料性能数据、采用适当的钢材和混凝土本构模型建立的有限元模型在损伤破坏模式、初始刚度和承载力等方面模拟是准确、合理的，为后续基于有限元模型的参数扩展分析和相互作用机理分析奠定研究基础。

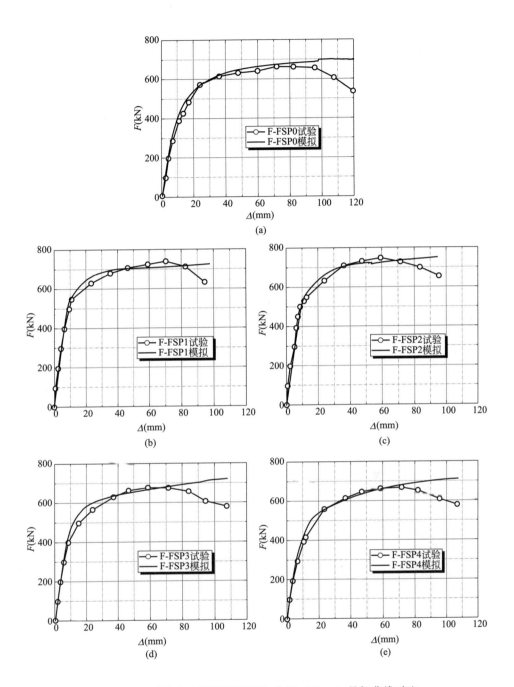

图 5.2-2 试验与有限元模型荷载-位移（F-Δ）骨架曲线对比

（a）试件 F-FSP0；（b）试件 F-FSP1；（c）试件 F-FSP2；

（d）试件 F-FSP3 ；（e）试件 F-FSP4

5.3 参数分析

为研究不同参数对方钢管混凝土框架-冷弯薄壁型钢约束钢板剪力墙结构力学性能的影响规律，基于与试验结果验证后的有限元模型进行参数扩展分析。所采用的有限元模型的建模方式、参数取值和边界条件均与前文所述有限元模型相同，以试件 F-FSP3（十字形屈曲约束）为基准模型，分析方钢管混凝土柱的轴压比、钢材强度和混凝土强度等级以及内嵌钢板的钢板强度、宽厚比和宽高比等参数对方钢管混凝土框架-冷弯薄壁型钢约束钢板剪力墙结构力学性能的影响规律。

5.3.1 柱轴压比的影响

在参数分析研究中，保持其他参数不变，取方钢管混凝土柱轴压比为 $n=$ 0.3、0.4 和 0.5。计算式如式（5.3-1）、式（5.3-2）所示，式中，N_f 是施加于单个方钢管混凝土柱顶部的恒定轴向压力，N_u 为单个方钢管混凝土柱的轴压承载力，f_{ck} 为混凝土强度标准值，f_y 为钢材屈服强度，A_c 为混凝土截面面积，A_s 为钢管截面面积。

$$n = N_f/N_u \qquad (5.3\text{-}1)$$
$$N_u = f_{ck}A_c + f_yA_s \qquad (5.3\text{-}2)$$

图 5.3-1 为柱轴压比对结构 F-Δ 曲线的影响。从图 5.3-1（a）中可以看出轴压比对结构的初始刚度影响不大，但对结构屈服后的承载性能影响较大；柱轴压比越大，结构越提前屈服，相同水平位移下，结构的承载力越小；轴压比大于

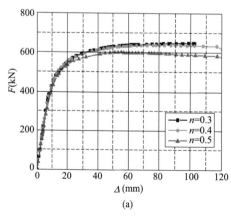
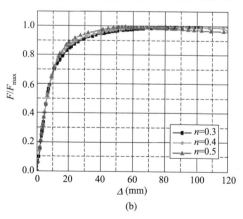

图 5.3-1 柱轴压比对结构 F-Δ 曲线的影响

（a）不同轴压比；（b）归一化的 F-Δ 曲线

0.4 时，结构承载力开始出现明显的下降，表明轴压比越大，边柱越提前屈曲破坏，结构的承载力越低。

图 5.3-1(b) 为归一化的 F-Δ 曲线，可以看出，轴压比为 0.3 和 0.4 时，结构的荷载-位移曲线基本重合，轴压比对结构的承载力影响较小。结构的峰值荷载对应的位移随着柱轴压比的增加而变小，表明柱轴压比越大，在结构顶部水平荷载的作用下，承受压力较大的一侧柱提前屈服使结构整体的承载力出现降低，柱轴压比大于 0.4 时对结构性能影响较大。

5.3.2 柱钢材强度的影响

在参数分析研究中，方钢管混凝土柱的钢管钢材强度为 $f_y = 235\text{MPa}$、345MPa、390MPa、420MPa。从图 5.3-2(a) 可以看出，不同钢材强度对结构的初始刚度影响不大，但对结构的承载力和延性影响较大，结构的承载力随着钢材强度的增加逐渐提高。图 5.3-2(b) 是归一化的 F-Δ 曲线，可以看出，除钢材强度 $f_y = 235\text{MPa}$ 外，不同钢材强度下结构归一化的水平 F-Δ 曲线基本相同，表明在方钢管混凝土框架-冷弯薄壁型钢约束钢板剪力墙结构中方钢管混凝土柱的钢材强度存在一个下限值，当钢材强度低于该值时，方钢管混凝土柱会提早屈服破坏，从而影响结构整体力学性能。

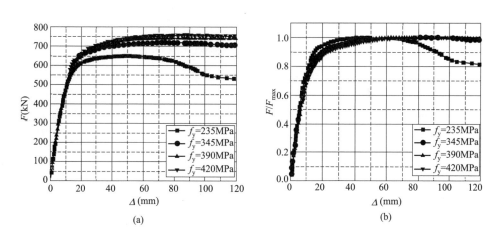

(a) (b)

图 5.3-2 柱钢材强度对结构 F-Δ 曲线的影响
(a) 不同钢材强度；(b) 归一化的 F-Δ 曲线

5.3.3 柱混凝土强度等级的影响

在参数分析研究中，方钢管混凝土柱的混凝土强度等级分别为 C35、C50、C70、C90。从图 5.3-3(a) 可以看出，不同混凝土强度等级对结构的初始刚度影响不大，随着混凝土强度等级的提高，结构的承载力也逐渐提高，但提高的幅度较小。图 5.3-3(b) 是归一化的 F-Δ 关系曲线，可以看出，不同混凝土强度等级下结构的水平 F-Δ 曲线基本重合，表明混凝土强度等级对结构的整体受力特性影响不大。

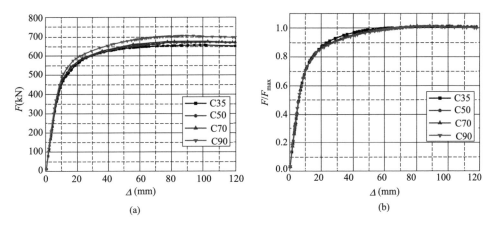

图 5.3-3　柱混凝土强度等级对结构 F-Δ 曲线的影响

(a) 不同混凝土强度；(b) 归一化的 F-Δ 曲线

5.3.4　柱柔度系数的影响

方钢管混凝土柱的柔度系数的计算方法见第 5.5.1 节。参数分析中，分别选取方钢管混凝土柱柔度系数为 $\omega = 1.25$、2.0、2.5、3.75，对应的方钢管的尺寸分别为：100mm × 100mm × 4mm、150mm × 150mm × 6mm、200mm × 200mm × 5.6mm、300mm × 300mm × 12mm。图 5.3-4 为柱柔度系数对结构 F-Δ 曲线的影响。从图 5.3-4 (a) 中可以看出，柱柔度系数越小，结构的刚度越大、承载力越高、延性越好，图 5.3-4(b) 为归一化的 F-Δ 曲线，可以看出，柱柔度系数不大于 2.5 时的三条曲线趋势基本相同，柱柔度系数为 3.75 时，荷载达到峰值很快就开始下降，表明柱柔度系数越大时，结构的延性越差。柱柔度系数对结构的整体性能影响很大，柱柔度系数越大，结构的极限荷载与屈服荷载的比值越小；柱柔度系数也影响着内嵌钢板强度的发挥，柱柔度系数越小，对应的柱截面越大，内嵌钢板强度发挥越充分，柱对结构的抗侧刚度和承载力的贡献也越大。

5.3.5　内嵌钢板强度的影响

在参数分析研究中，考虑了内嵌钢板强度 $f_y = 235$MPa、345MPa、390MPa、420MPa。由图 5.3-5(a) 可以看出，内嵌钢板强度对结构的初始刚度基本没影响，结构的承载力随着钢板强度的增加逐渐提高。图 5.3-5(b) 是归一化

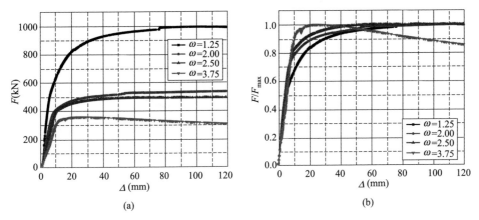

图 5.3-4 柱柔度系数对结构 F-Δ 曲线的影响

(a) 不同柱柔度系数；(b) 归一化的 F-Δ 曲线

的荷载-位移曲线，可以看出，不同内嵌钢板强度下结构的荷载-位移曲线基本重合，表明内嵌钢板强度对结构整体受力特性影响不大。

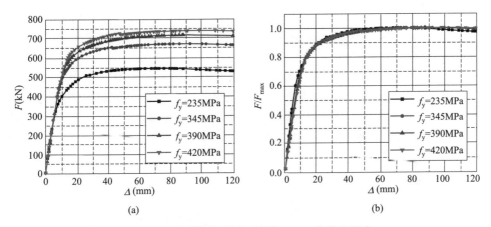

图 5.3-5 内嵌钢板强度对结构 F-Δ 曲线的影响

(a) 不同钢板强度；(b) 归一化的 F-Δ 曲线

5.3.6 内嵌钢板宽厚比的影响

为研究内嵌钢板宽厚比对结构承载性能的影响，保持内嵌钢板宽度不变，取钢板厚度分别为 $t=2.16\text{mm}$、2.7mm、3.6mm 和 4.32mm，对应内嵌钢板宽厚比分别为 $B/t=250$、300、400 和 500。从图 5.3-6(a) 可以看出，结构的刚度和承载力随着内嵌钢宽厚比的增加而逐渐增加，内嵌钢板宽厚比越大，结构的屈服位移越小，屈服承载力与极限承载力越接近。图 5.3-6(b) 为归一化的结构 F-Δ 曲线，

149

冷弯薄壁型钢约束钢板剪力墙结构

可以看出，不同内嵌钢板宽厚比对结构的屈服承载性能有影响，宽厚比越大，结构的屈服位移越小，屈服承载力与极限承载力的比值越大，结构屈服后的荷载-位移曲线趋势基本相同。

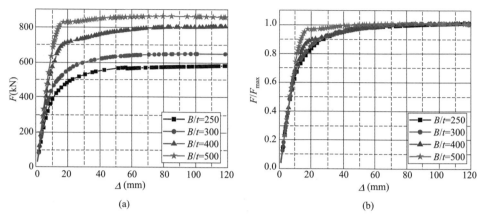

图 5.3-6　内嵌钢板宽厚比对结构 F-Δ 曲线的影响

（a）不同宽厚比；（b）归一化的 F-Δ 曲线

5.3.7　内嵌钢板宽高比的影响

为研究内嵌钢板宽高比对结构承载性能的影响，分别取内嵌钢板宽高比 B/H=1.0、2.0、3.0 进行分析，对应的内嵌钢板尺寸分别为 1100mm×1100mm、2200mm×1100mm、3300mm×1100mm（宽×高）。从图 5.3-7（a）可以看出，随着钢板宽高比的增加，结构的弹性刚度和承载力逐渐增加，但曲线

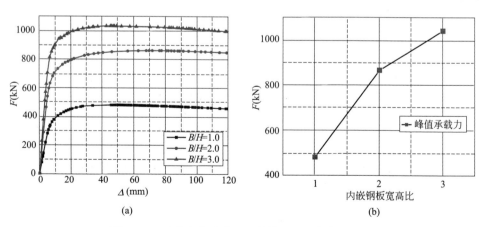

图 5.3-7　内嵌钢板宽高比对结构 F-Δ 曲线的影响

（a）不同宽高比；（b）峰值承载力

150

的形状相近。图 5.3-7（b）为不同内嵌钢板宽高比对应的结构的峰值承载力，可以看出，结构的峰值承载力随着宽高比的增加基本呈线性增长。

5.4 受力机制分析

内嵌钢板剪力墙与周边框架的刚度比是影响内嵌钢板剪力墙强度发挥的重要因素，边柱的挠曲变形会直接影响内嵌钢板的应力水平发展。因此，本节将从方钢管混凝土柱的刚度出发，结合钢板剪力墙的应力均匀性和方钢管混凝土的挠曲变形进行分析，对方钢管混凝土框架-冷弯薄壁型钢约束钢板剪力墙结构中方钢管混凝土柱与内嵌钢板剪力墙的相互作用机理进行研究，进而得到约束钢板剪力墙强度充分发挥时的方钢管混凝土柱的刚度限值，以便方钢管混凝土框架-冷弯薄壁型钢约束钢板剪力墙结构的推广应用。为更好地观察内嵌钢板剪力墙和边缘框架的应力分布，在 5.4 节有限元基准模型的基础上将所有钢材均改成理想弹塑性本构，其中，钢梁、方钢管和钢板剪力墙屈服强度均为 235MPa，冷弯薄壁型钢屈服强度为 345MPa。

5.4.1 方钢管混凝土柱柔度系数

Wagner 基于对铝梁的受剪性能分析提出了薄腹梁理论，为了使薄腹梁在腹板屈曲后依靠腹板产生的拉力场能够继续稳定地承载，不致发生失稳破坏，Wagner 指出薄腹梁的翼缘需要提供给腹板足够的约束刚度，并引入柱柔度系数 ω 来评估腹板与翼缘刚度的相对强弱关系。

腹板受剪屈曲形成拉力场如图 5.4-1 所示。

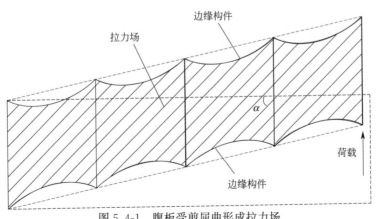

图 5.4-1 腹板受剪屈曲形成拉力场

薄钢板剪力墙的受力和薄腹梁相似，钢板剪力墙可以看作竖向悬臂梁，其中，边柱可以视作钢板剪力墙的翼缘，梁视为横向约束构件。假定，钢板剪力墙拉力场充分发挥且与竖向夹角为 α，竖向边缘构件受到钢板剪力墙拉场力的水平分力作用，不考虑竖向边缘构件承受轴力作用，当边缘构件有足够的刚度为钢板提供锚固时，考虑边缘构件变形对钢板承载力的影响，得出柱柔度系数的表达式如式(5.4-1) 所示：

$$\omega_c = h \cdot \sin \alpha \sqrt[4]{\left(\frac{1}{E_{c2}I_{c2}} + \frac{1}{E_{c2}I_{c2}}\right)\frac{E_s t_w}{4L}} \tag{5.4-1}$$

式中，h 为柱高度，E_{c1} 和 E_{c2} 分别为两个边柱的弹性模量，I_{c1} 和 I_{c2} 分别为两个边柱的抗弯截面惯性矩。

当两侧边柱截面相同，且边柱的弹性模量和内嵌钢板相同时，则式(5.4-1) 的柱柔度系数表达式可以简化为式(5.4-2)：

$$\omega_c = h \cdot \sin \alpha \sqrt[4]{\frac{t_w}{2LI_c}} \tag{5.4-2}$$

引入应力均匀性系数 $\frac{\sigma_{\text{average}}}{\sigma_{\text{max}}}$ 来反映柱柔度系数对内嵌钢板剪力墙拉力场开展程度的影响，通过平均应力与最大应力的比值来评估拉力场应力分布的发展程度，表达式如式(5.4-3) 所示：

$$\frac{\sigma_{\text{average}}}{\sigma_{\text{max}}} = \frac{2}{\omega_c}\frac{\cosh(\omega_c) - \cos(\omega_c)}{\sinh(\omega_c) + \sin(\omega_c)} \tag{5.4-3}$$

其中，σ_{average} 为边柱柔度系数等于 ω_c 时钢板剪力墙拉力场的平均应力，由每层钢板剪力墙沿高度方向的拉力场应力积分求得。σ_{max} 为边柱柔度系数等于 ω_c 时钢板剪力墙的最大应力，当边柱可以为钢板提供足够锚固时，钢板拉力场充分形成，最大应力 $\sigma_{\text{max}} = f_{py}$，$f_{py}$ 为钢板的最大应力，则式(5.4-3) 可以改写成式(5.4-4)：

$$\sigma_{\text{average}} = \frac{2f_{py}}{\omega_c} \cdot \left[\frac{\cosh(\omega_c) - \cos(\omega_c)}{\sinh(\omega_c) - \sin(\omega_c)}\right] \tag{5.4-4}$$

钢板剪力墙的拉力场充分开展时，柱柔度系数与钢板应力均匀性系数关系曲线如图 5.4-2 所示。对于边柱刚度足够大或对钢板剪力墙采用防屈曲约束时，若钢板可以实现全截面屈服，则 $\sigma_{\text{average}} = \sigma_{\text{max}}$，此时应力均匀性系数为 1。

从图 5.4-2 中可以看出，当柱柔度系数为 2.5 时，钢板应力均匀性系数约为 83%，此时大部分的钢板已达到屈服，因此，Kuhn 建议边缘构件的柔度系数限值取 $\omega = 2.5$，假定该限值条件下边缘构件为具有足够刚度的嵌固钢板，钢板强度可以充分发挥。加拿大规范 *Design of Steel Structures* CSA S16‑14 和美国规范 *Seismic Provisions for Structural Steel Buildings* ANSI/AISC 341‑10 参考了该建议，要求钢板剪力墙利用其屈曲后强度时边缘框架的柔度系数不得大于 2.5。

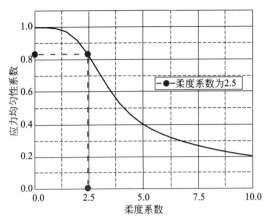

图 5.4-2　柱柔度系数与钢板应力均匀性系数关系曲线

《钢板剪力墙技术规程》JGJ/T 380—2015 也借鉴上述柱柔度系数限值要求，规定四边连接非加劲钢板剪力墙边缘柱的截面惯性矩应符合式(5.4-5)规定，该限制条件是基于钢板剪力墙的应力均匀性系数达到80%时对应的柱柔度系数，并假定钢板拉力场的角度为45°，得到的钢板剪力墙边缘柱的截面惯性矩的要求。

$$I_{cmin} = \frac{0.0031 t_w H_c^4}{L_b} \tag{5.4-5}$$

不过值得注意的是，规范给出的边缘柱的刚度限定条件是基于两侧边缘构件尺寸相同，且是由弹性模量和内嵌钢板相同时的柱柔度系数限值确定的。而方钢管混凝土柱有钢材和混凝土两种弹性模量完全不同的材料，因此，针对方钢管混凝土框架-冷弯薄壁型钢约束钢板剪力墙结构形式，上述公式的适用性需要进一步探讨。

我国规范《钢管混凝土结构技术规程》GB 50936—2014 中规定，钢管混凝土结构进行内力和位移计算时，钢管混凝土构件的截面刚度可按式(5.4-6)进行计算：

$$EI = E_s I_s + E_c I_c \tag{5.4-6}$$

由于相同截面尺寸的方钢管混凝土柱的方钢管管壁厚种类很多，一般为4～25mm，因此，柱截面相同但方钢管型号不同时，方钢管混凝土柱的截面刚度有所不同。式（5.4-6）是考虑钢材和混凝土截面刚度的简单叠加，无法体现方钢管与混凝土的截面相对占比关系。因此，选用美国规范建议的钢管混凝土构件抗弯刚度的计算方法确定方钢管混凝土柱的截面刚度，如式（5.4-7）、式（5.4-8）所示：

$$EI = E_s I_s + C_1 E_c I_c \tag{5.4-7}$$

$$C_1 = 0.6 + 2\left(\frac{A_s}{A_c + A_s}\right) \leqslant 0.9 \tag{5.4-8}$$

上式能够较好地反映钢材和混凝土两种材料在截面中所占比例对钢管混凝土构件抗弯刚度的影响。针对方钢管混凝土框架-冷弯薄壁型钢约束钢板剪力墙结构，假定内嵌钢板两侧的方钢管混凝土柱完全相同，方钢管混凝土柱的等效截面刚度 EI 按式(5.4-7) 计算，结合式(5.4-2) 可得方钢管混凝土柱的柔度系数表达式如式(5.4-9) 所示：

$$\omega_c = h \cdot \sin \alpha \sqrt[4]{\frac{E_s t_w}{2LEI}} \qquad (5.4-9)$$

本研究进行方钢管混凝土柱柔度系数计算时，均采用式(5.4-9) 进行等效计算。

5.4.2 内嵌钢板应力均匀性分析

由前述分析可知，边缘框架的刚度对内嵌钢板强度的发挥至关重要，影响内嵌钢板的应力均匀性。本节以屈曲约束形式、柱柔度系数和内嵌钢板宽厚比为参数，研究上述参数对内嵌钢板应力水平发展及应力均匀性的影响，考察钢板剪力墙与周边框架的相互作用机理，并根据分析结果提出可以充分发挥钢板剪力墙强度的边缘框架的刚度限值要求。对内嵌钢板应力均匀性进行分析时，文献取方钢管边缘应力达到屈服应力时对应的内嵌钢板剪力墙的应力分布状态。

1. 屈曲约束形式的影响

图 5.4-3 为不同屈曲约束形式的钢板剪力墙应力分布，可以看出，与非加劲钢板剪力墙相比，带屈曲约束形式的钢板剪力墙的应力均匀性要好。其中，试件 F－FSP1、F－FSP2 中内嵌钢板接近平面受力状态，内嵌钢板基本全截面达到最大应力，而试件 F－FSP3 和 F－FSP4 的内嵌钢板的应力均匀性要差一些。

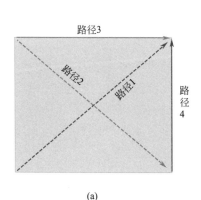
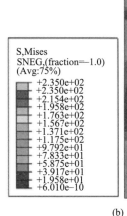

(a)   (b)

图 5.4-3 不同屈曲约束形式的钢板剪力墙应力分布
(a) 一层钢板应力提取路径示意；(b) 试件 F－FSP0

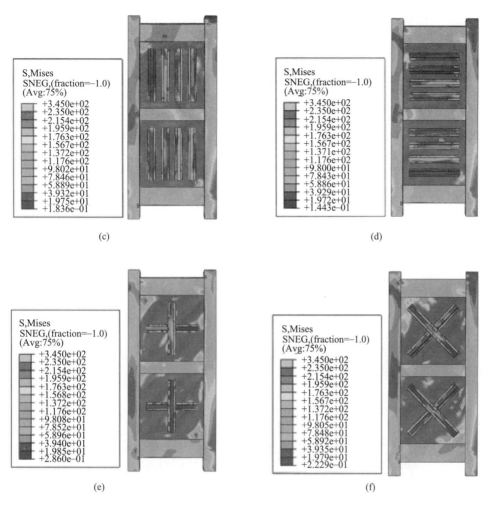

图 5.4-3　不同屈曲约束形式的钢板剪力墙应力分布（续）

（c）试件 F－FSP1；（d）试件 F－FSP2；（e）试件 F－FSP3；（f）试件 F－FSP4

　　为更好地评估内嵌钢板的应力均匀性，如图 5.4-3（a）所示的一层钢板应力提取路径示意，提取了各试件一层钢板沿拉力带方向（路径 1）和沿垂直拉力带方向（路径 2）的各节点 Mises 应力，各有限元模型 Mises 应力沿路径分布见图 5.4-4。从图 5.4-4（a）中可以看出，试件 F－FSP3 和 F－FSP4 在钢板中部应力没有达到最大，梁柱连接节点处的钢板应力得到了充分的发挥。这表明十字形和斜向屈曲约束可以较好约束钢板的面外变形，并将钢板分成了四个区格，拉力带在钢板中部约束件处被隔断，拉力带不连续，钢板中部未形成拉力带。图 5.4-4（b）可以看出，垂直拉力带方向，非加劲钢板的应力均匀性最差，试件

F-FSP1 和 F-FSP2 除两个对角的应力没有得到充分发挥，其他与梁柱相连的地方应力均达到最大，表明这两种形式的约束件布置基本可以实现钢板全截面屈服。试件 F-FSP3 和 F-FSP4 的钢板被约束件分成几个区格，钢板的屈曲应力得到了提高。

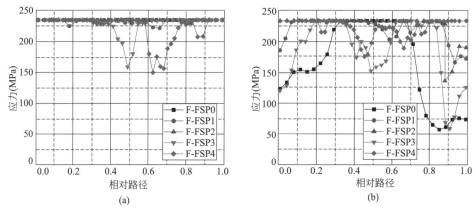

图 5.4-4 各有限元模型 Mises 应力沿路径分布
(a) 沿拉力带方向（路径 1）；(b) 沿垂直拉力带方向（路径 2）

表 5.4-1 给出了沿拉力带方向和沿垂直拉力带方向各试件的内嵌钢板的应力均匀性系数，可以看出，沿拉力带方向，各试件的应力均匀性系数均大于 0.9；而沿垂直拉力带方向，只有非加劲钢板的应力均匀性系数为 0.71，其余四个带屈曲约束的钢板的应力均匀性系数均大于 0.8，表明冷弯薄壁型钢可以提高钢板的应力发挥水平，提高钢板的承载力。

沿拉力带方向和沿垂直拉力带方向各试件内嵌钢板的应力均匀性系数 表 5.4-1

试件编号	方钢管尺寸(mm)	钢板尺寸(mm)	应力均匀性系数	
			沿拉力带方向(路径1)	沿垂直拉力带方向(路径2)
F-FSP0			1.00	0.71
F-FSP1			0.99	0.94
F-FSP2	200×200×6	1100×1100×2.7	1.00	0.96
F-FSP3			0.97	0.81
F-FSP4			0.94	0.95

2. 方钢管混凝土柱柔度系数的影响

以试件 F-FSP3 为基准模型，考察不同柔度系数的方钢管混凝土柱对内嵌钢板的应力均匀性的影响规律，分别选取柔度系数 $\omega = 1.25$、2.0、2.5 和 3.75 的方钢管混凝土柱截面尺寸，对应的方钢管的尺寸分别为：100mm×100mm×

4mm、150mm × 150mm × 6mm、200mm × 200mm × 5.6mm、300mm × 300mm×12mm。图5.4-5为不同柱柔度系数的内嵌钢板应力分布，可以看到，方钢管混凝土柱柔度系数越小，钢板应力达到屈服应力的区域越大，钢板的强度发挥越充分，表明柱对钢板的嵌固效果越好。

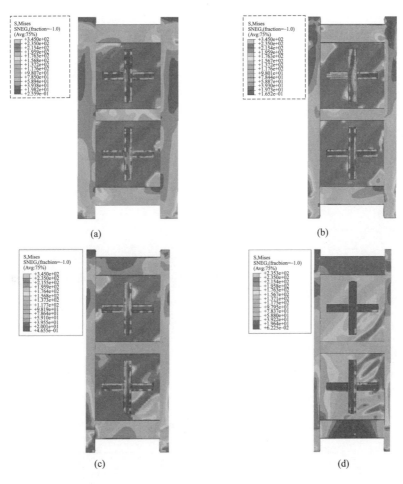

图5.4-5 不同柱柔度系数的内嵌钢板应力分布
(a) $\omega=1.25$；(b) $\omega=2.0$；(c) $\omega=2.5$；(d) $\omega=3.75$

结合图5.4-6、图5.4-7和表5.4-2可以得出，当柱柔度系数不大于2.5时，钢板的应力均匀程度较好；当柱柔度系数为3.75时，方钢管混凝土柱边缘纤维达到屈服应力时，钢板的强度还没有完全发挥，沿拉力带方向的应力均匀性系数为0.83，沿垂直拉力带方向的应力均匀性系数只有0.71，钢板应力均匀程度较差。所以当方钢管混凝土柱的柔度系数不大于2.5时，内嵌钢板的强度能够得到较好发挥。

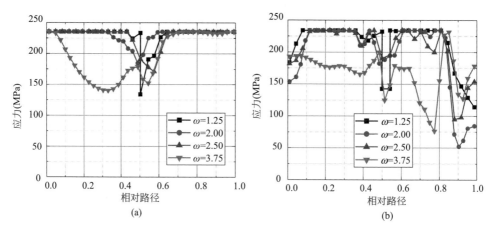

图 5.4-6 不同柱柔度系数的有限元模型 Mises 应力沿路径分布
(a) 沿拉力带方向（路径 1）；(b) 沿垂直拉力带方向（路径 2）

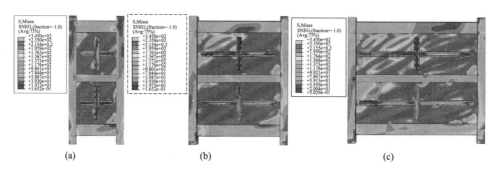

图 5.4-7 不同宽高比下内嵌钢板应力分布
(a) $B/H=1.0$；(b) $B/H=2.0$；(c) $B/H=3.0$

不同柱柔度系数的试件内嵌钢板的应力均匀性系数 表 5.4-2

试件编号	方钢管尺寸(mm)	钢板尺寸(mm)	柔度系数	应力均匀性系数	
				沿拉力带方向（路径 1）	沿垂直拉力带方向（路径 2）
F－FSP3－1	300×300×12	1100×1100×2.7	1.25	0.97	0.90
F－FSP3－2	200×200×6		2.00	0.97	0.81
F－FSP3－3	150×150×6		2.50	0.97	0.88
F－FSP3－4	100×100×4		3.75	0.83	0.71

3. 内嵌钢板宽高比的影响

为考察不同内嵌钢板宽高比对钢板剪力墙应力均匀性的影响，有限元模型选取了内嵌钢板宽高比分别为 $B/H=1.0$、2.0、3.0 进行分析。从图 5.4-7 可以看出，随着内嵌钢板宽高比的增加，钢板强度达到最大值的区域面积占比减小，表明宽高比越大，屈曲约束的效果越弱，钢板的强度发挥越不充分。

图 5.4-8 为不同宽高比的有限元模型 Mises 应力沿路径分布，从图 5.4-8 （a）可以看出，随着宽高比的增加，沿钢板水平方向的应力达到最大值的占比越小，钢板强度的发挥越不充分。从表 5.4-3 可以看出，沿路径提取的平均应力与最大应力的比值均大于 80%，表明在不同宽高比下，带屈曲约束的内嵌钢板的大部分强度均可以充分地发挥。

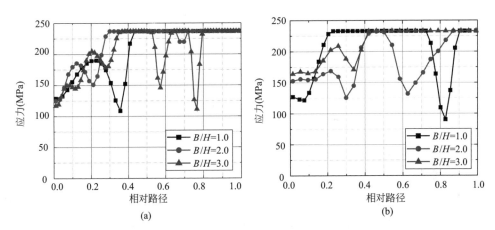

图 5.4-8 不同宽高比的有限元模型 Mises 应力沿路径分布
（a）沿水平方向（路径 3）；（b）沿竖直方向（路径 4）

不同宽高比的试件内嵌钢板的应力均匀性系数 表 5.4-3

试件编号	内嵌钢板尺寸(mm)	宽高比	应力均匀性系数	
			沿水平方向(路径 3)	沿竖直方向(路径 4)
F-FSP3-5	1100×1100×2.7	1.0	0.89	0.88
F-FSP3-6	1100×2200×2.7	2.0	0.91	0.81
F-FSP3-7	1100×3300×2.7	3.0	0.86	0.97

5.4.3 方钢管混凝土柱变形分析

鱼尾板可以看作方钢管管壁的外部加劲肋，在一定程度上可以对方钢管管壁沿钢板剪力墙高度方向的变形起协调作用，但是不能阻止方钢管沿壁厚方向的面外变形。《钢板剪力墙技术规程》JGJ/T 380—2015 规定鱼尾板的厚度不小于钢板的厚度，所以在有限元分析时，没有考虑实际可能存在的鱼尾板较厚时对剪力墙承载力发挥的有利作用。方钢管混凝土柱与纯钢柱在受力上有所不同，在钢板拉场力的分力作用下，方钢管混凝土柱除了有自身整体变形，还有钢管管壁与混凝土的脱离变形，两种变形的叠加作用对内嵌钢板的变形和强度的发挥有着重要的影响，因此，本节针对方钢管混凝土柱的两种变形进行分析。

1. 柱整体变形分析

由上述分析可知，方钢管混凝土柱的整体变形影响内嵌钢板的强度发挥。同时，方钢管混凝土柱在水平荷载作用下的整体变形将受到来自内嵌钢板与边缘框架的相互作用。为讨论不同屈曲约束形式、内嵌钢板宽高比、柱柔度系数等情况下方钢管混凝土柱的整体变形情况，本节将在一层钢板剪力墙的层间位移角达到1/50时，提取并分析东侧框架柱沿柱高方向的水平位移的变化。

图5.4-9（a）为不同屈曲约束形式的钢板剪力墙结构最东侧柱沿竖向高度方向的柱的整体水平位移。从图中可以看出，不同屈曲约束形式的钢板剪力墙对应的柱的整体变形不同，当一层钢板层间位移角达到1/50时，柱顶的水平位移由大到小依次是四对竖向屈曲约束、四对水平屈曲约束、斜向屈曲约束、十字形屈曲约束和非加劲形式的钢板剪力墙，表明相同的水平位移下，剪力墙的强度发挥程度从大到小也是按上述的顺序。对比各试件，一层柱的变形基本一致，只有试件F-FSP1的柱顶部水平位移最小，表明四对竖向屈曲约束的约束形式更能保证上下两层钢板剪力墙都可以较好地发挥强度。

以试件F-FSP3为基准模型，得到如图5.4-9（b）所示的不同内嵌钢板宽高比下方钢管混凝土柱沿高度方向整体水平位移。当一层钢板达到层间位移角1/50时，一层柱的变形和二层柱的变形规律不同，宽厚比为1时，除首层钢板底部处的柱发生局部变形外，柱整体变形沿高度方向基本是线性变化。宽高比越小，一层钢板达到层间位移角1/50时，所需要顶部加载位移越大，底柱的变形越明显，表明钢板剪力墙的强度发挥越充分。

图5.4-9（c）为不同柱柔度系数下方钢管混凝土柱沿高度方向整体变形的水平位移。从图中可以看出，当柱柔度系数为1.25时，柱侧位移基本上随着高度线性增加，表明在水平荷载作用下，只是钢板发生了剪切变形，柱基本上没有变形，假定对内嵌钢板可以充分约束。当柱柔度系数为3.75时，一层柱变形明显，二层柱水平位移随着柱高呈线性变化，表明在水平力作用下，底层柱在内嵌钢板的侧向力作用下已出现破坏。当柱柔度系数为2.0和2.5对应的柱的变形相差不大，只在一层柱有部分变形，表明柱相对较强，可较好地约束钢板，说明方钢管混凝土柱的柔度系数取不大于2.5时，内嵌钢板采用本书提出的冷弯薄壁型钢约束钢板剪力墙形式是可行的。

2. 柱壁与混凝土脱离距离分析

由前述的分析可知，目前规范采用的边缘框架限值要求是针对纯钢构件的，而方钢管混凝土柱不同于纯钢柱，纯钢柱的变形和剪力墙的变形是保持一致的，但方钢管的管壁与混凝土存在脱离的可能，而脱离变形对钢板剪力墙强度的发挥

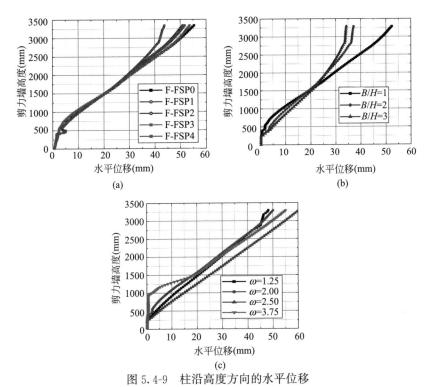

图 5.4-9 柱沿高度方向的水平位移

（a）不同屈曲约束形式；（b）不同内嵌钢板宽高比；（c）不同柱柔度系数

不利。因此，为了研究约束钢板剪力墙作用下，方钢管混凝土柱的钢管管壁与混凝土脱离距离，提取一层沿路径 4 的钢板剪力墙与方钢管混凝土柱的钢管管壁相交处与混凝土的脱离进行分析。

为考察不同层间位移角下，不同屈曲约束形式的钢板剪力墙结构中方钢管管壁与混凝土的脱离程度，本节对一层钢板剪力墙的层间位移角分别设置为 $\theta=0.002$、0.005、0.01、0.02、0.03，对方钢管管壁与混凝土的脱离情况进行分析。图 5.4-10 为不同层间位移角下方钢管管壁与混凝土脱离距离，从图中可以看出，不同层间位移角下，试件 F-FSP0 的脱离最大，位置靠近剪力墙高度中部，钢管管壁的脱离变形影响钢板强度的充分发挥。其中，水平布置四对屈曲约束的构件的整体脱离变形最小，表明该冷弯薄壁型钢的布置形式，可以很好地抑制方钢管管壁和内部混凝土的脱离，有利于钢板强度的发挥。十字形和斜向屈曲约束，对钢板下部的约束较好，虽然可以减小钢板沿高度中部处的钢管管壁与混凝土的脱离，但最大脱离变形的位置将会适当上移，最大脱离量并没有大幅减少。

总的来说，和非加劲钢板剪力墙相比，带有屈曲约束的钢板剪力墙结构，可以有效降低钢板对方钢管混凝土柱壁的侧向拉力，减少钢管管壁与混凝土的脱离距离，有效提高钢板强度的发挥。

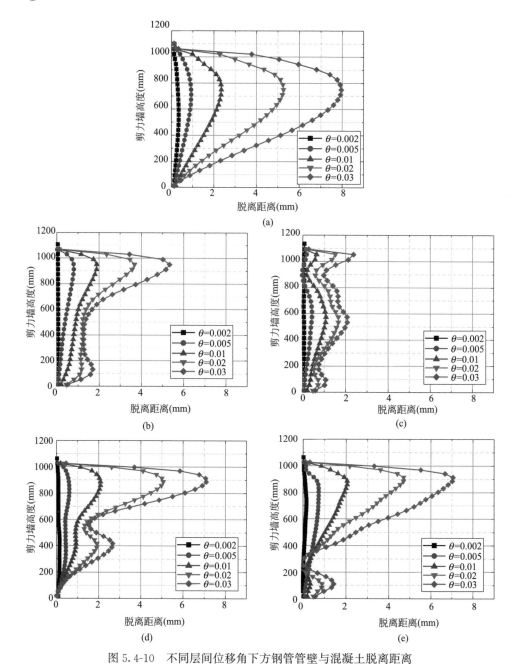

图 5.4-10　不同层间位移角下方钢管管壁与混凝土脱离距离

（a）试件 F - FSP0；（b）试件 F - FSP1；（c）试件 F - FSP2；（d）试件 F - FSP3；（e）试件 F - FSP4

5.4.4　边缘框架刚度限值分析

根据有限元分析结果可知，合理设计的前提下，在框架边缘纤维开始屈服时，约束钢板剪力墙大部分已屈服，因此，在分析框架柱和梁受力时，假定约束钢板剪力墙全截面屈服。方钢管混凝土框架-冷弯薄壁型钢约束钢板剪力墙结构的受力破坏机制参考 Berman 提出的破坏模式，假定钢梁两端为铰接，方钢管混凝土框架-钢板剪力墙结构受力分析如图 5.4-11 所示。

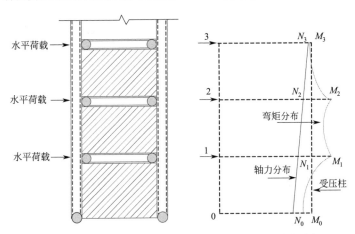

图 5.4-11　方钢管混凝土框架-钢板剪力墙结构受力分析

对于薄钢板剪力墙而言，假定在水平荷载作用下内嵌钢板全截面屈服，周边框架可承担由钢板拉力场效应产生的斜向均匀荷载，薄钢板剪力墙的抗剪承载力即为斜向均匀荷载的水平分量。约束钢板剪力墙的平面受力状态较为复杂，为简化计算，假定冷弯薄壁型钢可以较好地约束钢板，剪力墙基本处于平面受力状态。因此，针对约束钢板剪力墙结构，假设拉力场在钢板上均匀分布，钢板拉力场的方向与竖向夹角为 α，取出钢板剪力墙作用在边缘框架梁、柱的局部单元，对内嵌钢板与周边框架相互作用进行受力分析。

由图 5.4-12 内嵌钢板与柱的相互作用受力分析可以得到钢板剪力墙作用在柱上的分布力，如式（5.4-10）、式（5.4-11）所示：

$$f_{cx} = f_{py} t_w \sin^2 \alpha \tag{5.4-10}$$

$$f_{cy} = f_{py} t_w \sin\alpha \cos\alpha \tag{5.4-11}$$

式中，f_{cx} 和 f_{cy} 分别为内嵌钢板产生的拉场力在柱上的水平分力和垂直分力。拉力带倾角 α 与梁柱的刚度有关，Timler 等根据拉条杆模型的受力分析，利用最小功原理，给出了对角受拉杆条倾角计算公式见式（5.4-12）：

$$\alpha = \tan^{-1} \sqrt[4]{\left(1 + \frac{t_w l}{2A_c}\right) \left[1 + t_w h_s \left(\frac{1}{A_b} + \frac{h_s^3}{360 I_c l}\right)\right]^{-1}} \tag{5.4-12}$$

式中，t_w 为内嵌钢板的厚度，A_c 和 I_c 分别为边柱的截面面积和截面惯性矩，h_s 为钢板高度。

根据图 5.4-13 所示的方钢管混凝土柱受力分析，假定梁两端为铰接，梁轴向

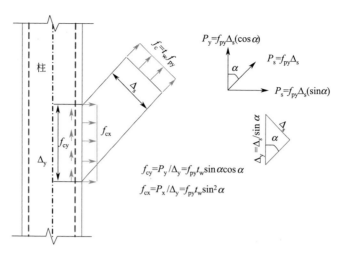

图 5.4-12　内嵌钢板与柱相互作用受力分析

刚度无穷大。柱的两端转动均受到约束，可以假定方钢管混凝土柱为两端固接，内嵌钢板对方钢管混凝土柱作用大小为 f_{cx} 的均布水平力，结合材料力学原理则可以得到由内嵌钢板拉场力引起的沿柱高度方向的弯矩和剪力表达式见式（5.4-13）和式（5.4-14）：

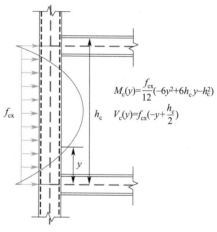

$$M_c(y) = \frac{f_{cx}}{12}(-6y^2 + 6h_c y - h_c^2)$$

$$(5.4\text{-}13)$$

$$V_c(y) = f_{cx}\left(-y + \frac{h_c}{2}\right) \quad (5.4\text{-}14)$$

图 5.4-13　方钢管混凝土柱受力分析

　　由前述分析可知，边柱的变形直接影响内嵌钢板强度的发挥。因此，为更好地表述两端固接柱在均布荷载作用下的变形，结合材料力学基本原理，采用叠加方法分析求解均布荷载作用下两端固接柱的受力和变形。图 5.4-14 为均布荷载作用下两端固接柱的受力分析示意图，假定柱受到的均布水平荷载为 f_{cx}，柱的长度为 h_c，可以看出，柱的受力效应可以由受均布荷载的简支梁和两端受弯矩荷载的简支梁的受力效应叠加得到。

　　根据梁的挠曲线方程可得式（5.4-15）：

$$EIw'' = -M(y) \tag{5.4-15}$$

　　将式（5.4-15）代入式（5.4-13）后进行积分，可得式（5.4-16）、式（5.4-17）：

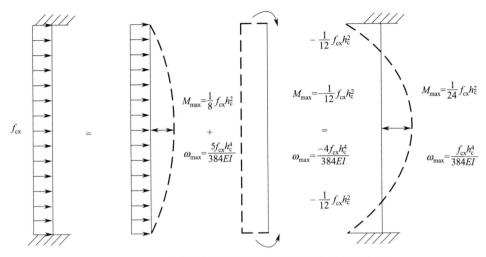

图 5.4-14 均布荷载作用下两端固接柱受力分析示意图

$$EIw' = \frac{f_{cx}}{12}(2y^3 - 3h_c y^2 + h_c^2 y) + C_1 \tag{5.4-16}$$

$$EIw = \frac{f_{cx}}{12}\left(\frac{y^4}{2} - h_c y^3 + \frac{h_c^2 y^2}{2}\right) + C_1 y + C_2 \tag{5.4-17}$$

根据边界条件，得积分常数如式（5.4-18）所示：

$$\begin{aligned} y=0, w=0, C_2=0 \\ y=h_c, w=0, C_1=0 \end{aligned} \tag{5.4-18}$$

代入积分常数，可以得到柱沿高度挠曲线方程表达式如式（5.4-19）所示：

$$w = \frac{f_{cx} y^2}{12EI}\left(\frac{y^2}{2} - h_c y + \frac{h_c^2}{2}\right) \tag{5.4-19}$$

对于图 5.4-14 所示的两端固接柱在均布荷载作用下，柱中 $y=h_c/2$ 处的挠度最大，最大挠度见式（5.4-20）：

$$w_{max} = \frac{f_{cx} h_c^4}{384EI} \tag{5.4-20}$$

由前述分析可知，f_{cx} 为钢板拉场力在方钢管混凝土柱上的水平分力，将公式（5.4-10）代入式（5.4-20）可以得到约束钢板剪力墙强度充分发挥时，柱的 $1/2h_c$ 高度处的最大变形量如式（5.4-21）所示：

$$w_{max} = \frac{f_{py} t_w \sin^2 \alpha h_c^4}{384EI} \tag{5.4-21}$$

结合本研究针对方钢管混凝土柱采用的等效截面刚度计算方法，方钢管混凝土柱的柔度系数按式（5.4-22）计算：

$$\omega_{\mathrm{c}} = h \cdot \sin\alpha \sqrt[4]{\frac{E_{\mathrm{s}} t_{\mathrm{w}}}{2LEI}} \tag{5.4-22}$$

根据现行规范对边柱的柔度系数限值要求，结合有限元分析结果可以得到方钢管混凝土柱的截面刚度需求，如式（5.4-24）所示：

$$\omega_{\mathrm{c}} \leqslant 2.5 \tag{5.4-23}$$

$$EI \geqslant 0.0128 \frac{E_{\mathrm{s}} t_{\mathrm{w}} (h\sin\alpha)^4}{L} \tag{5.4-24}$$

将式（5.4-24）代入式（5.4-21）可以求得内嵌钢板强度充分发挥时的方钢管混凝土柱的最大变形如式（5.4-25）所示：

$$w_{\max} = 0.203 \frac{f_{\mathrm{py}} L}{E_{\mathrm{s}} \sin^2\alpha} \tag{5.4-25}$$

若假定钢板拉力场的方向与竖向的夹角为45°，则方钢管混凝土柱的刚度限值和最大挠度限值如式（5.4-26）～式（5.4-28）所示：

$$EI \geqslant 0.0032 \frac{E_{\mathrm{s}} t_{\mathrm{w}} h^4}{L} \tag{5.4-26}$$

$$w_{\max} = \frac{f_{\mathrm{cx}} h_{\mathrm{c}}^4}{384EI} \tag{5.4-27}$$

$$w_{\max} = 0.407 \frac{f_{\mathrm{py}} L}{E_{\mathrm{s}}} \tag{5.4-28}$$

不过值得注意的是，现行规范给出的钢板剪力墙结构的边缘构件的刚度要求是基于薄腹梁理论推导出来的，只考虑了边缘构件的整体变形。而方钢管混凝土是组合柱，钢板剪力墙强度充分发挥时方钢管混凝土柱不仅有整体弯曲变形，还有方钢管管壁与混凝土的脱离变形，方钢管混凝土柱的钢管管壁受拉后的脱空示意图如图5.4-15所示。采用式（5.4-7）进行刚度代换时虽然可以考虑钢管和混凝土的截面占比关系，但无法体现方钢管管壁与混凝土的脱离变形，因此，确定方钢管混凝土柱的刚度限值时需要考虑方钢管管壁与混凝土的脱离变形，直接按式（5.4-31）对方钢管混凝土柱的挠度变形进行刚度限制时，会忽略方钢管管壁与混凝土的脱离变形，引起内嵌钢板强度无法充分发挥，会高估内嵌约束钢板剪力墙的承载力。

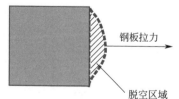

图 5.4-15 方钢管混凝土柱的钢管管壁受拉后的脱空示意图

为了考察不同约束钢板剪力墙与方钢管混凝土柱的钢管管壁与混凝土的脱空距离及柱的整体弯曲变形的相对关系，提取了一层钢板剪力墙层间位移角为1/50

时相应的模型数据。图 5.4-16 为方钢管混凝土柱弯曲变形、脱离变形及两种变形的叠加变形分析，分别给出了方钢管混凝土柱的整体弯曲变形、钢管管壁与混

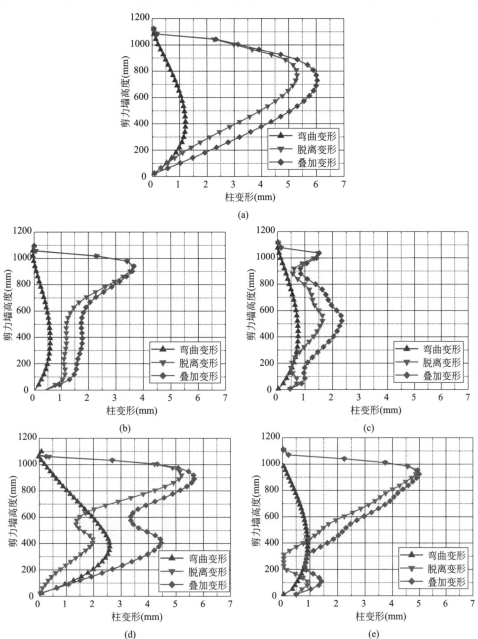

图 5.4-16　方钢管混凝土柱弯曲变形、脱离变形及两种变形的叠加变形分析

（a）试件 F‑FSP0；（b）试件 F‑FSP1；（c）试件 F‑FSP2；（d）试件 F‑FSP3；（e）试件 F‑FSP4

凝土的脱离变形和两种变形的叠加数据。可以看出，方钢管混凝土柱的钢管管壁与混凝土的脱离变形占比非常高，因此，在方钢板剪力墙的实际应用中，不可忽略钢管管壁与混凝土的脱空。与非加劲钢板剪力墙相比，带约束的钢板剪力墙虽在一定程度上限制了柱的整体变形，也在一定程度上降低了钢管管壁与混凝土的脱离程度，但脱离变形的占比大小并没有明显改善。

根据上述分析结论并结合大量有限元分析结果发现，方钢管混凝土柱柱中位置处的钢管管壁与混凝土的脱离变形一般占总叠加变形量的 1/3～2/3，本研究偏安全地取柱弯曲变形占比系数为 1/3，所以方钢管混凝土柱的柱中挠曲变形乘以弯曲变形占比系数 1/3，就可以得到考虑方钢管管壁与混凝土脱离变形的方钢管混凝土柱侧向最大挠度限值，如式（5.4-29）所示：

$$w_{\max} = 0.135 \frac{f_{py} L}{E_s} \tag{5.4-29}$$

上述限值基于方钢管混凝土柱没有采用防止方钢管管壁与混凝土的脱离措施给出的限定条件，当满足式（5.4-29）的挠度限值要求时，可以假定方钢管混凝土柱满足对约束钢板剪力墙的嵌固作用，使内嵌钢板强度可以充分发挥。王先铁等针对方钢管混凝土框架-开洞钢板剪力墙抗震性能进行了研究，基于研究成果给出了可以抑制方钢管混凝土柱钢管管壁与混凝土脱离的几种构造措施，经有限元模型分析，验证了提出的构造措施在抑制钢管管壁与混凝土的脱离变形方面可以取得理想的效果。因此，当采用约束钢板剪力墙时，若方钢管混凝土柱的方钢管管壁与混凝土的脱离变形被限制，方钢管混凝土柱的刚度限制条件可以进一步放宽。不过值得注意的是，在实际施工中，方钢管混凝土柱管壁内部采用加劲肋做法施工比较复杂，相关内容也不是本书研究的重点，因此，本书没有针对可以抑制方钢管管壁与混凝土脱离的构造措施进行研究。

钢梁同样受到内嵌钢板的拉场力的作用，由于梁假定两端铰接，且钢梁为统一材质，因此，相对于方钢管混凝土柱，钢梁受力比较简单，其弯矩和剪力可以参考方钢管混凝土柱的方法来计算。

内嵌钢板与钢梁相互作用受力分析如图 5.4-17 所示。

从图 5.4-17 所示受力分析可知，得到钢板剪力墙作用在钢梁上的分布力大小如式（5.4-30）、式（5.4-31）所示：

$$f_{bx} = f_{py} t_w \sin\alpha \cos\alpha \tag{5.4-30}$$

$$f_{by} = f_{py} t_w \cos^2 \alpha \tag{5.4-31}$$

式中，f_{bx} 和 f_{by} 分别内嵌钢板产生的拉场力作用在梁上的水平分力和垂直分力。

结合材料力学原理可以得到如图 5.4-18 所示的钢梁受力分析图，可以看到，梁受到由钢板拉场力水平分力引起的轴力和垂直分力引起的弯矩和剪力，对于中

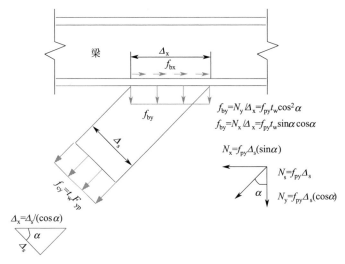

$$f_{by}=N_y/\Delta_x=f_{py}t_w\cos^2\alpha$$
$$f_{by}=N_x/\Delta_x=f_{py}t_w\sin\alpha\cos\alpha$$

$$N_x=f_{py}\Delta_s(\sin\alpha)$$

$$N_s=f_{py}\Delta_s$$
$$N_y=f_{py}\Delta_s(\cos\alpha)$$

$$\Delta_x=\Delta_s/(\cos\alpha)$$

图 5.4-17　内嵌钢板与钢梁相互作用受力分析

梁而言，若两层钢板完全相同，上下两层钢板拉场力方向相反，大小相同，此时，中梁受到的钢板拉场力基本上可以忽略不计，中梁只需要满足正常的设计荷载，无需考虑与钢板剪力墙的相对刚度限值。

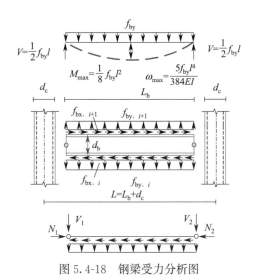

图 5.4-18　钢梁受力分析图

对于顶梁或底梁而言，梁只受到单侧钢板拉场力的作用，结合前述分析，梁的刚度对钢板剪力墙强度的发挥有影响，为保证钢板强度的充分发挥，梁除了满足承载力需求外，还需要满足一定的刚度要求。参考规范对非加劲钢板剪力墙梁截面惯性矩限值的要求，给出约束钢板剪力墙对钢梁的刚度需求。

由前述分析可以得到梁的柔度系数表达式如式（5.5-32）所示：

$$\omega_{\mathrm{b}} = h \cdot \sin\alpha \sqrt[4]{\frac{t_{\mathrm{w}}}{2LI_{\mathrm{c}}}} \qquad (5.4\text{-}32)$$

根据图 5.4-18 梁的受力分析可知，梁跨中的最大挠度按式（5.4-33）计算：

$$w_{\max} = \frac{5f_{\mathrm{py}}t_{\mathrm{w}}\cos^2\alpha L^4}{384EI} \qquad (5.4\text{-}33)$$

参考对柱的柔度系数限值要求可得式（5.4-34）、式（5.3-35）：

$$\omega_{\mathrm{b}} \leqslant 2.5 \qquad (5.4\text{-}34)$$

$$I_{\mathrm{b}} \geqslant 0.0128\frac{t_{\mathrm{w}}(h\sin\alpha)^4}{L} \qquad (5.4\text{-}35)$$

将式（5.4-35）代入式（5.4-33），可以求得内嵌约束钢板剪力墙强度充分发挥时钢梁的最大允许变形，见式（5.4-36）：

$$w_{\max} = 1.015\frac{f_{\mathrm{py}}\cos^2\alpha L}{E_{\mathrm{s}}\sin^4\alpha} \qquad (5.4\text{-}36)$$

若假定钢板拉力场的方向与竖向夹角为 45°，则钢梁的截面惯性矩限值计算公式和最大变形限值计算公式简化如式（5.4-37）～式（5.4-39）所示：

$$I \geqslant 0.0032\frac{t_{\mathrm{w}}h^4}{L} \qquad (5.4\text{-}37)$$

$$w_{\max} = \frac{5f_{\mathrm{by}}h_{\mathrm{c}}^4}{384EI} \qquad (5.4\text{-}38)$$

$$w_{\max} = 2.03\frac{f_{\mathrm{py}}L}{E_{\mathrm{s}}} \qquad (5.4\text{-}39)$$

综上所述，针对方钢管混凝土框架–冷弯薄壁型钢约束钢板剪力墙结构，若方钢管混凝土柱和钢梁分别满足式（5.4-29）和式（5.4-39）的限定条件，可以假定内嵌钢板的强度充分发挥。

5.5 等效分析模型

在内嵌薄钢板剪力墙结构体系中，薄钢板剪力墙屈曲强度低，结构的抗侧刚度主要由其屈曲后的拉力场作用提供，因此，研究薄钢板剪力墙屈曲后的非线性力学行为非常必要。在目前主流的结构设计软件中，如 PKPM、YJK、SAP2000、ETABS 等只能计算不会发生屈曲的钢板剪力墙构件，如果设计采用薄钢板剪力墙时，一般利用交叉斜杆模型对薄钢板剪力墙进行等刚度代换，故无法精确的考虑薄钢板剪力墙的屈曲后力学性能。要准确预测薄钢板剪力墙的屈曲后性能，需要借助有限元程序，但有限元模型操作复杂、计算量大，不适用于工程师采用。

为准确评估薄钢板剪力墙的承载性能并提高建模分析效率，一些学者致力于提出实用的薄钢板剪力墙简化分析方法和替代模型，比如拉杆条模型和等效支撑模型等，钢板往往被简化为只受拉不受压的杆条单元。这些简化分析方法可以较为准确地评估实际结构的非线性力学行为，方便用于薄钢板剪力墙的分析和设计，但这些方法通常只针对非加劲钢板剪力墙，也忽略了钢板的抗压能力。因此，不少学者通过考虑在斜拉杆正交方向布置若干数量的压杆来对上述模型进行改进，不过需要根据经验和验算结果确定拉压杆的比例，压杆的屈服强度只是按经验确定，较为复杂，缺乏理论支撑，且考虑压杆后的简化模型有时会高估结构的承载力，反而精度和准确性比不考虑压杆的简化模型更低。

综上所述，目前的一些简化分析模型主要是针对非加劲钢板剪力墙的，不能充分反映本书研究对象——冷弯薄壁型钢约束钢板剪力墙结构的受力特性，也无法考虑布置冷弯薄壁型钢约束对钢板刚度和承载力的提高作用。因此，针对冷弯薄壁型钢约束钢板剪力墙结构这一新型结构体系，提出可以考虑屈曲约束效果的简化分析方法至关重要。本节根据试验和有限元分析结果，并参考钢筋的屈曲分析方法，提出了可以考虑冷弯薄壁型钢对钢板屈曲约束作用的等效斜向交叉支撑模型，该简化模型可以准确等效冷弯薄壁型钢约束钢板剪力墙结构的刚度和承载力，且模型简单，可用于主流的结构设计程序中。

5.5.1 传统等代简化分析模型

1. 单拉杆模型

Thorburn 等在 1983 年提出了单拉杆模型（Equivalent Truss Model），即用两端铰接的单一拉杆模拟内嵌钢板剪力墙，单拉杆模型如图 5.5-1 所示，该单拉杆模型是基于水平剪力作用下钢板的等效层刚度推导的，没有考虑周边框架抗侧刚度的影响，并假定内嵌钢板边缘构件刚度无穷大。

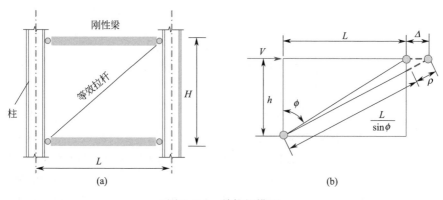

图 5.5-1 单拉杆模型

（a）单拉杆模型假定；（b）单拉杆受力分析

根据简单受力分析，用能量法得到水平剪力和等效拉杆的面积如式(5.5-1)、式（5.5-2）所示：

$$V = (AE/L) [L/(L^2 + h^2)^{1/2}]^3 \times \Delta \qquad (5.5\text{-}1)$$

$$A = (t_w \times L \times \sin^2 2\alpha)/2\sin\phi \sin 2\phi \qquad (5.5\text{-}2)$$

根据钢板剪力墙的等效层刚度原则，单拉杆模型中钢板剪力墙的等效结构刚度按式（5.5-3）计算：

$$K = V/\Delta = (t_w \sin^2 2\alpha E/2\sin\phi \sin 2\phi) [L/(L^2 + h^2)^{1/2}]^3 \qquad (5.5\text{-}3)$$

由上述分析可知，单拉杆模型仅满足了刚度等效，没有考虑内嵌钢板对边缘框架内力的不利影响，也不能得到准确的推覆过程曲线和滞回曲线。图 5.5-2 为非加劲钢板剪力墙分别采用壳单元精细有限元模型、单拉杆模型计算结果和试验结果的对比，可以看出，精细化有限元模型可以精确地模拟钢板剪力墙的刚度和承载力，而采用单拉杆模型仅较准确地模拟非加劲钢板剪力墙结构的刚度，但明显低估了薄钢板剪力墙的承载力。虽然 Lubell 等提出了考虑具有三线性刚度参数的单拉杆模型，以体现结构的屈服和屈服强化效应，但是并没有从根本上解决单拉杆模型缺陷。不过由于单拉杆模型计算简单，因此成为目前初步设计时最常用的模型。

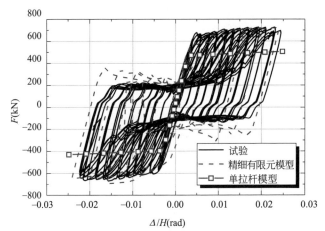

图 5.5-2　非加劲钢板剪力墙分别采用壳单元精细有限元模型、
单拉杆模型计算结果和试验结果的对比

2. 拉杆条模型

1983 年加拿大学者 Thorburn 等提出了用于分析薄钢板剪力墙的拉杆条模型（Strip Model），拉杆条模型如图 5.5-3 所示，该模型用一系列离散的斜拉杆条代替钢板剪力墙，并将钢板的抗拉屈服强度作为拉杆条的极限应力，不考虑钢板的屈曲前刚度和受压作用。梁和柱假定铰接形式，不考虑边缘框架的抗侧刚度，并假定梁的抗弯刚度无穷大，以反映拉杆条模型中钢板剪力墙上方和下方有相反的拉力场。

在拉杆条模型中，各个拉杆的截面面积、单层钢板剪力墙结构的屈曲后刚度

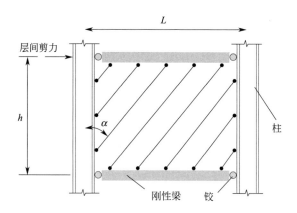

图 5.5-3　拉杆条模型

计算公式和其中各个拉杆与竖向的夹角可由式（5.5-4）～式（5.5-6）确定：

$$A_s = \frac{(l \cdot \cos\alpha + h \cdot \sin\alpha)t}{n} \tag{5.5-4}$$

$$K = E_s t L \sin^2\alpha \cos^2\alpha / h \tag{5.5-5}$$

$$\tan^4\alpha = \frac{1 + \dfrac{tL}{2A_c}}{1 + th\left(\dfrac{1}{A_b} + \dfrac{h^3}{360 I_c L}\right)} \tag{5.5-6}$$

式中，t 为钢板剪力墙的厚度，I_c 为边柱的惯性矩，l 为钢板剪力墙净宽，h 为钢板剪力墙净高，L 为边柱中心距，A_c 为边柱的截面面积，A_b 为边梁的截面面积，n 为所定义的拉杆数，一般取 $n \geq 10$ 时可满足精度要求。

该模型可以准确地评估钢板剪力墙的屈曲后刚度、极限承载力，并可以根据受力平衡条件求解出斜拉杆作用在周边框架梁柱上的力，自提出以来已被广泛采用。Timler 和 Kulak（1983）基于试验结果验证了拉杆条模型的准确性，并建议将拉杆条模型作为一种准确的分析方法来使用。不过值得注意的是，拉杆条模型中的拉杆的倾角与钢板和边缘框架的几何尺寸和截面属性有关，可能每层的拉杆数量和倾角都不相同，加上拉杆的数量一般不少于 10 个，设计中要反复迭代确定梁柱尺寸，计算工作量较大，对于工程设计人员而言，可操作性差。

为解决拉杆条模型中拉杆数量偏多的问题，田炜锋等提出用于等代非加劲薄钢板剪力墙的三拉杆模型，如图 5.5-4 所示。该模型用三个两端铰接的斜拉杆替代钢板剪力墙，其中一个拉杆对角设置，另外两个拉杆设置于梁柱中点连线上。三个拉杆的面积由弹性刚度等效、边柱最大轴力等效和边柱最大弯矩等效三个等效条件确定。该模型与拉杆条模型相比，拉杆数量大大减少，建模相对简单，并可以得到较高的精度。但是三拉杆模型只是单向布置斜向拉杆，只考虑钢板的拉力场效应，并没有考虑钢板的受压强度。

3. 修正拉杆条模型

由上述分析可知，单拉杆模型和拉杆条模型只考虑钢板的受拉，完全没有考虑薄钢板剪力墙的受压屈曲强度，因此，对于受压屈曲强度很低的非加劲薄钢板剪力墙，上述两种简化模型仍可以取得较好的精度。但对于屈曲后有一定受压能力的非加劲薄钢板剪力墙或带防屈曲约束构造的钢板剪力墙结构，忽略钢板的受压能力会明显低估结构的刚度和承载力。

因此，Shishkin 在拉杆条模型的基础上，提出通过增加一个压杆来考虑钢板剪力墙受压强度的修正拉杆条模型，如图 5.5-5 所示。该模型通过增加一个压杆来反映薄钢板剪力墙的屈曲前刚度和受压能力，并考虑两个拉杆中的刚度退化来反映试验中的钢板剪力墙撕裂现象。Shishkin 根据试验结果，建议将压杆的屈服强度取为拉杆屈服强度的 8%，可以与试验结果较好吻合。但该模型的参数取值对不同的钢板剪力墙试件的模拟结果精度的离散性较大，同时定义的刚度退化杆有可能会导致对结构极限承载力的严重低估，有时模拟结果不如拉杆条模型。

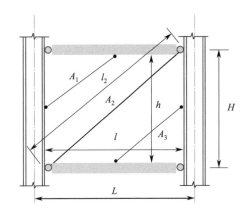

图 5.5-4　三拉杆模型

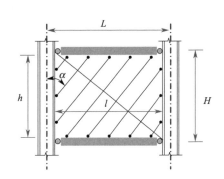

图 5.5-5　修正拉杆条模型

周明针对拉杆条模型中杆只受拉不受压，忽视钢板剪力墙剪切作用的关键缺陷机制，提出可以同时体现钢板剪切作用和拉力场效应的统一等代模型，如图 5.5-6 所示。该模型由杆的角度、数量、面积三个参数确定，通过设置考虑钢板剪力墙剪切作用和拉力场作用的杆，改善了只受拉不受压杆模型在位移为零附近刚度为零的缺陷。但是该模型无法精确模拟钢板剪力墙的受力机制，剪切杆数量的确定相对复杂，同时以受力过程中较小的 η 值赋给统一模型，会低估剪切作用的前期贡献。

综上所述，针对非加劲钢板剪力墙，上述简化模型大多没有考虑钢板的受压

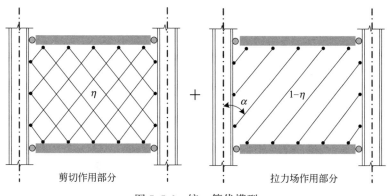

剪切作用部分 + 拉力场作用部分

图 5.5-6 统一等代模型

屈曲强度，虽然有学者提出考虑钢板受压强度的修正模型，但是受压杆的参数取值仅仅是来吻合试验结果的，且适应性不强，有时反而会过高地估计钢板剪力墙的承载力。Choi 等在等效交叉模型的基础上，提出斜向交叉拉压杆的滞回本构关系，并假定受压支撑杆达到钢板的最大主压应力（钢板屈曲应力）后应力保持不变。但该等代简化分析模型主要是针对非加劲钢板剪力墙结构，针对本书研究的约束钢板剪力墙结构不适用，也不能考虑冷弯薄壁型钢对钢板的屈曲约束作用。因此，为更好地推广应用冷弯薄壁型钢约束钢板剪力墙结构体系，方便设计工程师采用，提出一种可以考虑冷弯薄壁型钢对钢板剪力墙屈曲约束作用的简化分析模型是十分必要的。

5.5.2 等效斜向交叉支撑模型

薄钢板剪力墙的屈曲承载力很低，很小的水平力作用下钢板可能就发生屈曲。但对于约束钢板剪力墙结构，从前述分析可知，冷弯薄壁型钢的屈曲约束作用可以较大程度地提高钢板的屈曲承载力、刚度、屈服承载力和极限承载力，因此，如果不考虑约束钢板剪力墙结构的内嵌钢板的抗压作用，则会明显地低估约束钢板剪力墙结构的刚度和极限承载力。因此，参考钢筋屈曲效应的 GA 模型，结合冷弯薄壁型钢对钢板的屈曲约束形式和机理，提出一种适用于冷弯薄壁型钢约束钢板剪力墙结构的等效斜向交叉支撑模型受力分析，如图 5.5-7 所示。

本研究提出采用等效斜向交叉支撑模型需要对受拉和受压支撑杆分别赋予相应的应力-应变关系：（1）根据约束钢板剪力墙结构的推覆荷载-位移曲线形式，提出等效斜向交叉支撑模型中的等效拉杆的三折线应力-应变关系曲线；（2）基于冷弯薄壁型钢对钢板的屈曲约束机理，参考钢筋的屈曲力学行为，提出等效斜向交叉支撑模型中的等效压杆的受压应力-应变关系曲线。通过等效斜向交叉支撑模型的简化分析，可以实现约束钢板剪力墙结构的刚度和承载力的等效代换。

但需要注意的是，在等效斜向交叉支撑模型中，不考虑直接传递到梁和柱上的拉场力的影响，只有当内嵌钢板边缘构件具有足够的强度和刚度来抵抗拉场力时，即满足本书 5.4.4 节提出的对梁柱刚度的限值条件，才可以采用等效交叉支撑简化分析模型。

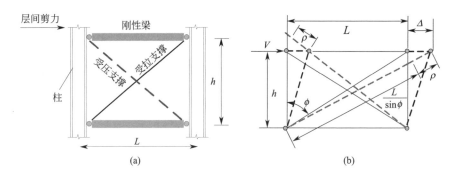

图 5.5-7　等效斜向交叉支撑模型受力分析
（a）等效模型示意；（b）等效模型受力分析

下面结合图 5.5-7 对等效斜向交叉支撑模型的相关参数进行详细介绍：

在等效斜向交叉支撑模型中，钢板被简化为两个截面面积相同的对角支撑斜杆，根据弹性应变能公式可以得到等效交叉支撑的面积，按式（5.5-7）计算：

$$A_{EB} = \frac{tL\sin^2 2\alpha}{2\sin\phi\sin 2\phi} \tag{5.5-7}$$

式中，ϕ 为斜向支撑与竖向的夹角，$\phi = \tan^{-1}(L/h)$，t 为内嵌钢板的厚度，l 为内嵌钢板的宽度。

等效斜向交叉支撑简化模型如图 5.5-8 所示。在水平力的作用下，交叉支撑一个为受拉支撑杆，一个为受压支撑杆，根据试验和有限元模拟结果，受拉杆采用本书提出的修正的三折线应力-应变关系，如式（5.5-8）所示。受拉杆在初始受力阶段（OA 段），处于弹性阶段，弹性模量为 E_s；当应力超过 A 点，在弹塑性阶段时（AB 段），弹性模量 E_p；当应变超过 B 点，进入应力极限平台阶段（B 点以后），拉杆的应力保持不变。受压杆在初始受力阶段（OC 段），弹性模量为 E_s；当应力达到屈曲应力 C 时，受压杆屈曲，并保持应力不变，且 C 点的应力不大于受压最大屈曲应力。

$$\sigma = \begin{cases} \sigma_{y2} & \varepsilon \leqslant -\varepsilon_{x2} \\ E_s\varepsilon & -\varepsilon_{x2} \leqslant \varepsilon \leqslant \varepsilon_{x0} \\ \sigma_{y0} + E_p(\varepsilon - \varepsilon_{x0}) & \varepsilon_{x0} \leqslant \varepsilon \leqslant \varepsilon_{x1} \\ \sigma_{y1} & \varepsilon_{x1} \leqslant \varepsilon \end{cases} \tag{5.5-8}$$

其中，B 点的应力和应变数据由试验数据获取，无试验依据时，可参考文献取 $E_p=0.02E_s$，应力取应变为 0.1 对应的应力数据。

结合图 5.5-7 和图 5.5-8 可知，拉压杆的受力路径为图 5.5-8 中箭头方向，具体如下：

由图 5.5-8（a）可知，单调拉伸包络图包括三个部分：弹性阶段（OA 段）、弹塑性强化阶段（AB 段）和塑性屈服阶段（B 点以后）。通过试验和有限元结果分析可知，当钢板剪力墙结构达到规范规定的 1/50 的极限层间位移角时，约束钢板剪力墙试件仍处于强化阶段，因此，在本简化模型中没有考虑极限下降段。

图 5.5-8（b）单调受压包络图包括两个部分：弹性阶段（OC 段）、屈曲平台阶段（C 点以后）。当受压支撑应力达到 C 点时屈曲，考虑到冷弯薄壁型钢对钢板的屈曲约束作用，假定钢板出现塑性铰后，屈曲应力保持不变；当考虑屈曲约束效应计算得到的屈曲应力大于或等于 A 点对应的钢材屈服应力时，则钢材的屈服应力为受压最大屈曲应力。

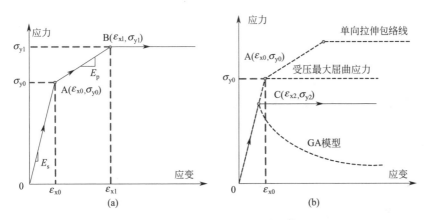

图 5.5-8 等效斜向交叉支撑简化模型
(a) 受拉支撑应力-应变关系；(b) 受压支撑应力-应变关系

参考钢筋受压屈曲影响的 GA 模型，并结合冷弯薄壁型钢对钢板的屈曲约束机理，考虑了约束钢板在受压时的屈曲应力，求出钢板在 C 点对应的应力和应变，具体计算过程如下：

如图 5.5-9 所示为钢板屈曲受力分析，取两个冷弯薄壁型钢约束对之间的钢板进行受力分析，假定冷弯薄壁型钢约束对限制了钢板的面外屈曲变形，钢板受压屈曲后，根据力的平衡关系建立钢板屈曲的应力-应变关系。

由图 5.5-9 可知，钢板受力屈曲变形后的结构平衡关系如式（5.5-9）所示：

$$F=2M_p/\psi \tag{5.5-9}$$

式中，F 为钢板受到的压力，ψ 为钢板屈曲后的中点的面外位移，M_p 为钢

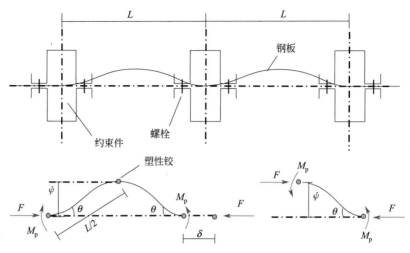

图 5.5-9　钢板屈曲受力分析

板的塑性弯矩，M_p 按式（5.5-10）计算：

$$M_p = W_p f_y = \frac{L t_w^2}{4} f_y \tag{5.5-10}$$

式中，W_p 为钢板的截面塑性模量，f_y 为钢材的屈服强度，t_w 为钢材的厚度，L 为受压钢板受约束的计算长度，δ 为钢板屈曲后两约束对中心的相对位移，θ 为刚性转角。

由图 5.5-9 可知钢板端部轴向位移 δ，中点的面外位移 ψ 和刚性转角 θ 之间的关系如式（5.5-11）、式（5.5-12）所示：

$$\psi = L/2 \sin\theta \tag{5.5-11}$$

$$\delta = L(1 - \cos\theta) \tag{5.5-12}$$

对上式进行级数展开，并忽略第 3 项及后续的表达式，可得式（5.5-13）：

$$\psi = \sqrt{\frac{\delta L}{2}} \tag{5.5-13}$$

将式（5.5-13）代入式（5.5-9），可得式（5.5-14）：

$$F = \frac{2\sqrt{2} M_p}{\sqrt{L}} \frac{1}{\sqrt{\delta}} \tag{5.5-14}$$

将钢板的平均应力 f_s 和平均应变 ε_s 定义式（5.5-15）、式（5.5-16），式中，A_s 为钢板的截面面积。

$$\varepsilon_s = \delta/L \tag{5.5-15}$$

$$f_s = F/A_s \tag{5.5-16}$$

则钢板屈曲效应的应力-应变关系如式（5.5-17）所示：

$$f_c = \frac{2\sqrt{2}M_p}{AL}\frac{1}{\sqrt{\varepsilon_s}} = \frac{\sqrt{2}t_w f_y}{2L}\frac{1}{\sqrt{\varepsilon_s}} \quad (5.5\text{-}17)$$

如图 5.5-8 所示，C 点为 GA 模型曲线与钢材受压弹性曲线的交点，C 点作为钢材的屈曲开始点，且屈曲后应力保持不变：

$$f_c = E_s \varepsilon_s \quad (5.5\text{-}18)$$

由两式相等，可求出交点 C 点处的应变和应力如式(5.5-19)、式(5.5-20)所示：

$$\varepsilon_{x2} = \left(\frac{\sqrt{2}t_w f_y}{2LE_s}\right)^{\frac{2}{3}} \quad (5.5\text{-}19)$$

$$\sigma_{y2} = \left(\frac{\sqrt{2E_s}t_w f_y}{2L}\right)^{\frac{2}{3}} \quad (5.5\text{-}20)$$

由交叉斜杆模型分析可知，当受到水平位移 δ_i 时，杆的变形量为 δ_s，受拉杆和受压杆的轴向应变如式（5.5-21）所示：

$$\varepsilon_{x2} = \frac{\delta_s \cos\alpha}{h_s} = \frac{\delta_i \sin\alpha \cos\alpha}{h_s} \quad (5.5\text{-}21)$$

式中，δ_s 是支撑杆的轴向变形量，相应地也可以得到 C 点对应的水平位移，按式（5.5-22）计算：

$$\delta_i = \frac{2h_s}{\sin2\alpha}\left(\frac{\sqrt{2}t_w f_y}{2LE_s}\right)^{\frac{2}{3}} \quad (5.5\text{-}22)$$

由上述可知，内嵌钢板剪力墙受到水平剪力时，受压部分钢板的屈曲方向与约束件方向有一定的角度，不同屈曲约束形式的钢板剪力墙的屈曲应力也不同。为简化计算，假定拉力带沿 45°方向，则垂直拉力带的 135°方向为钢板受压屈曲方向。因此，本书建议：

针对水平和竖向屈曲约束形式的钢板剪力墙，L 的取值按式（5.5-23）计算：

$$L = \sqrt{2}l \quad (5.5\text{-}23)$$

针对十字形和斜向屈曲约束形式的钢板剪力墙，L 的取值按式（5.5-24）计算：

$$L = \frac{\sqrt{B^2 + H^2}}{2} \quad (5.5\text{-}24)$$

式中，l 为水平和竖向布置屈曲约束钢板剪力墙区格的间距，B 为内嵌钢板的宽度，H 为内嵌钢板的高度。

需要注意的是，等效斜向交叉支撑模型中的拉压支撑的等效交叉支撑的面积均采用式（5.5-7）进行计算，该式是基于水平剪力作用下钢板的等效层刚度推导的，用来描述内嵌钢板的弹性刚度。因此，只有在内嵌钢板宽高比接近 1 时，计算的拉压支撑的等效交叉支撑的面积才比较准确。因此，针对不同内嵌钢板宽高比的约束钢板剪力墙结构采用等效斜向交叉支撑模型等代时，需要对等效交叉支撑面积进行修正，定义修正系数为 β 如式（5.5-25）所示，则式（5.5-7）变为式（5.5-26）的形式：

$$\beta = \frac{\sin2\theta}{\sin2\alpha} \tag{5.5-25}$$

$$A_{EB} = \beta\frac{tl\sin^2 2\alpha}{2\sin\theta\sin2\theta} = \frac{tl\sin2\alpha}{2\sin\theta} \tag{5.5-26}$$

综上可知，等效斜向交叉模型的相关参数均可以得到，将本书提出的拉压支撑杆简化的应力-应变关系分别赋予拉压支撑，就可以求出在不同位移下约束钢板剪力墙结构对应的承载力。等效斜向支撑模型进行结构设计操作流程图如图5.5-10所示。

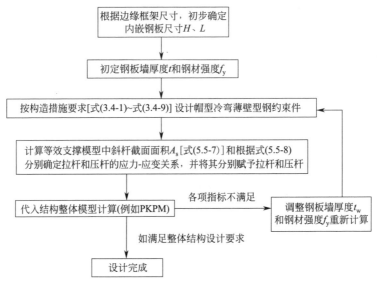

图 5.5-10 等效斜向支撑模型进行结构设计操作流程图

5.5.3 等效斜向交叉支撑模型验证

为验证等效斜向交叉支撑模型的合理性，对第 4 章的试验结果进行对比验证，并将单拉杆模型的计算结果作为对比参考，为保证计算结果的统一性，均采用 ABAQUS 软件建立等效斜向交叉支撑模型。有限元模型中除将约束钢板剪力墙用等效斜向交叉支撑模型来代换，有限元模型中的材料本构、边界约束条件和界面相互作用关系等参数均与前述有限元模型相同。等效交叉支撑模型采用的本构和钢板完全一致，受拉和受压的等效交叉支撑面积采用式（5.5-7）计算，等效斜向交叉支撑模型如图 5.5-11 所示。

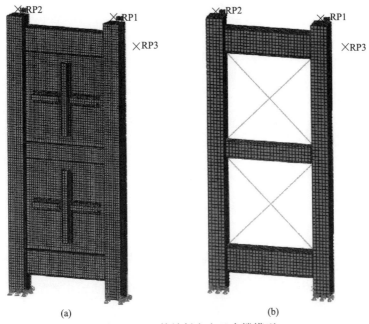

(a)   (b)

图 5.5-11　等效斜向交叉支撑模型

（a）精细有限元模型；（b）等代模型

　　图 5.5-12 为方钢管混凝土框架试验与等代模型荷载-位移骨架曲线对比。可以看出，针对方钢管混凝土框架-冷弯薄壁型钢约束钢板剪力墙结构，与传统的单拉杆模型相比，本书提出的等效斜向交叉支撑模型可以准确地预测约束钢板剪力墙结构的刚度和承载力等力学性能。

　　表 5.5-1 为方钢管混凝土框架试验和等代模型结果承载力对比，可以看出，就试验与等效斜向交叉支撑模型的计算结果的比值来看，屈服承载力的平均值为 1.001，变异系数（COV）为 0.0006，峰值承载力的平均值为 0.964，变异系数（COV）为 0.0004，说明了所提出的等效斜向交叉支撑模型准确性较好。

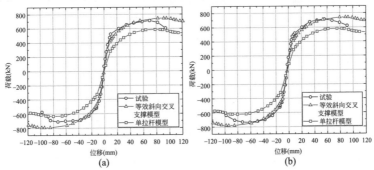

图 5.5-12　方钢管混凝土框架试验与等代模型荷载-位移骨架曲线对比

（a）试件 F-FSP1；（b）试件 F-FSP2

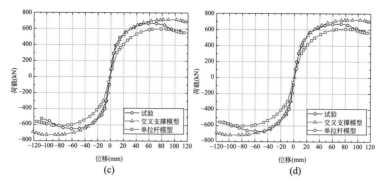

图 5.5-12　方钢管混凝土框架试验与等代模型荷载-位移骨架曲线对比（续）
(c) 试件 F-FSP3；(d) 试件 F-FSP4

方钢管混凝土框架试验和等代模型结果承载力对比　　　　表 5.5-1

承载力	试件	加载方向	试验	单拉杆模型	等效斜向交叉支撑模型	试验/单拉杆模型	试验/等效斜向交叉支撑模型
屈服承载力（kN）	F-FSP1	推（+）	573.8	475.7	572.9	1.206	1.002
		拉（—）	565.6	475.7	572.9	1.189	0.987
		平均	569.7	475.7	572.9	1.198	0.994
	F-FSP2	推（+）	587.2	475.7	572.9	1.234	1.025
		拉（—）	586.9	475.7	572.9	1.234	1.024
		平均	587.1	475.7	572.9	1.234	1.025
	F-FSP3	推（+）	544.3	475.7	548.8	1.144	0.992
		拉（—）	516.1	475.7	548.8	1.085	0.940
		平均	530.2	475.7	548.8	1.115	0.966
	F-FSP4	推（+）	565.1	475.7	548.8	1.188	1.030
		拉（—）	555.1	475.7	548.8	1.167	1.011
		平均	560.1	475.7	548.8	1.177	1.021
	平均值	推（+）	567.6	475.7	560.8	1.193	1.012
		拉（—）	555.9	475.7	560.8	1.169	0.991
		平均	561.8	475.7	560.8	1.181	1.001
	变异系数（COV）	推（+）	—	—	—	0.0011	0.0003
		拉（—）	—	—	—	0.0029	0.0010
		平均	—	—	—	0.0019	0.0006

续表

承载力	试件	加载方向	试验	单拉杆模型	等效斜向交叉支撑模型	试验/单拉杆模型	试验/等效斜向交叉支撑模型
峰值承载力（kN）	F-FSP1	推（＋）	730.8	601.7	747.2	1.215	0.978
		拉（－）	681.5	601.9	748.5	1.132	0.910
		平均	706.2	601.8	747.9	1.173	0.944
	F-FSP2	推（＋）	736.1	590.8	732.9	1.246	1.004
		拉（－）	718.8	590.7	734.0	1.217	0.979
		平均	727.4	590.8	733.4	1.231	0.992
	F-FSP3	推（＋）	670.9	589.5	694.4	1.138	0.966
		拉（－）	643.8	591.4	695.3	1.089	0.926
		平均	657.4	590.5	694.9	1.113	0.946
	F-FSP4	推（＋）	667.7	602.1	713.3	1.109	0.936
		拉（－）	672.7	558.5	664.7	1.204	1.012
		平均	670.0	580.3	689.0	1.157	0.974
	平均值	推（＋）	701.4	596.0	722.0	1.177	0.971
		拉（－）	679.2	585.6	710.6	1.161	0.957
		平均	690.3	590.8	716.3	1.169	0.964
	变异系数（COV）	推（＋）	—	—	—	0.0031	0.0006
		拉（－）	—	—	—	0.0028	0.0017
		平均	—	—	—	0.0018	0.0004

不过由于本书提出的等效斜向交叉支撑模型没有考虑钢板撕裂损伤破坏而引起钢板的承载力降低导致的撑杆的刚度退化，所以在试验加载的后期，本书提出的等效斜向交叉支撑模型计算结果开始与试验结果有明显偏离。当试件达到峰值承载力之前（一般在规范规定的极限层间位移角 1/50 附近），本书提出的等效斜向交叉支撑模型在方钢管混凝土框架-冷弯薄壁型钢约束钢板剪力墙的刚度和承载力方面均可以取得较好的精度。

图 5.5-13 为内嵌钢板的不同分析模型对梁受力影响，根据有限元分析结果发现，等代模型中钢梁的轴力和变形要比精细有限元模型大。这是由于在有限元模型中，中梁的上下拉场力方向相反，拉力基本被抵消，因此作用在中梁上的轴力不大。而在等效斜向交叉支撑模型中，交叉支撑作用在梁的两端，将内嵌钢板产生的拉场力等效为集中作用在梁柱节点上的对角张拉力，会过高的估算梁的轴

力。因此，在等效斜向交叉支撑模型中，结合 5.4.4 节边缘框架刚度限值分析可知，梁的轴力可由作用在柱上和梁上的拉场力的水平分力来确定，梁的轴力可按式(5.5-27) 计算：

$$P_b(x) = \left(f_{cxi}\,\frac{h_{ci}}{2} + f_{cxi+1}\,\frac{h_{ci+1}}{2}\right) - \left(f_{bxi} - f_{bxi+1}\right)\left(\frac{l}{2} - x\right) \quad (5.5\text{-}27)$$

式中，f_{cxi} 为作用在第 i 层柱上的拉场力的水平分量，h_{ci} 为第 i 层的层高，f_{bxi} 和 f_{bxi+1} 分别为作用于第 i 层梁底部和顶部的拉场力水平分量，x 为离梁端的距离。

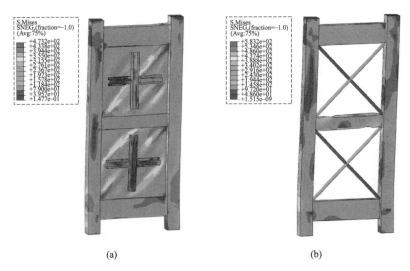

图 5.5-13　内嵌钢板的不同分析模型对梁受力影响

(a) 精细有限元模型；(b) 等效斜向交叉支撑模型

6 工程应用及案例

6.1 施工流程

当工程中采用帽形冷弯薄壁型钢约束钢板剪力墙结构形式时，简要施工流程如下：

(1) 按照设计图纸在工厂预制鱼尾板、钢板剪力墙和帽形冷弯薄壁型钢龙骨，并按设计预留螺栓孔。

(2) 在工厂将加工完成的鱼尾板与边缘框架柱用角焊缝连接成整体，焊接位置需根据设计图纸精确定位。

(3) 在工厂用螺栓将钢板剪力墙和帽形冷弯薄壁型钢进行连接，完成约束钢板剪力墙的整体工厂预制。

(4) 现场吊装施工，采用高强度螺栓连接约束钢板剪力墙和边缘框架柱伸出的鱼尾板，完成结构主体施工。

(5) 在装饰装修的过程中，通过自攻螺钉连接 OSB 板和帽形冷弯薄壁型钢，并填入保温隔热材料。

(6) 根据上述施工流程，鱼尾板与框架柱之间的焊接在工厂完成，钢板剪力墙和帽形冷弯薄壁型钢在工厂采用螺栓连接形成完整的约束钢板剪力墙，现场进行吊装并完成 OSB 板等装饰装修工程的施工。

6.2 构造要求

采用帽形冷弯薄壁型钢约束钢板剪力墙结构形式时，除满足相应的设计要求外，还需要满足下列构造要求：

(1) 鱼尾板与边缘构件宜采用焊接连接，鱼尾板厚度应大于钢板厚度。

(2) 钢板与鱼尾板采用高强度螺栓连接时，单个高强度螺栓承受的剪力设计值和拉力设计值应按式(6.2-1)、式(6.2-2)计算：

$$N_v = f_u A_0 \tag{6.2-1}$$
$$N_t = 0.1 f_u A_0 \tag{6.2-2}$$

墙板与框架梁相连鱼尾板连接时，计算式如式(6.2-3)所示：

$$A_0 = L_e t_w / (\sqrt{2} n_h) \tag{6.2-3}$$

墙板与框架柱相连鱼尾板连接时，计算式如式(6.2-4)所示：

$$A_0 = H_e t_w / (\sqrt{2} n_v) \tag{6.2-4}$$

式中，N_v 为单个高强度螺栓剪力设计值；f_u 为钢板剪力墙所用钢材的极限抗拉强度最小值；N_t 为单个高强度螺栓拉力设计值；A_0 为单个高强度螺栓承担拉力带的截面面积；n_h 为墙板上侧或下侧与鱼尾板连接时设置的螺栓个数；n_v 为墙板左侧或右侧与鱼尾板连接时设置的螺栓个数。

（3）当水平加劲肋与竖向加劲肋混合布置时，竖向加劲肋宜通长布置。

（4）加劲肋与边缘构件不宜直接连接。加劲肋与边缘构件直接焊接或采用其他方式直接连接时，宜考虑边缘构件对加劲肋的不利影响。

根据《钢结构设计标准》GB 50017—2017 的要求，钢柱上应焊接鱼尾板作为钢板剪力墙安装时的临时固定，鱼尾板与钢柱应采用熔透焊缝连接，钢板剪力墙与梁和基础连接大样示意图（焊接）如图 6.2-1 所示。因此，鱼尾板与梁柱之间需采用对接熔透焊缝，焊缝强度不宜低于鱼尾板钢材强度。由于约束钢板剪力墙在循环荷载作用下存在强化，因此鱼尾板厚度不应小于钢板剪力墙厚度且不宜小于钢板剪力墙厚度的 1.5 倍，具体焊接方式通过计算确定，焊缝的抗剪承载力

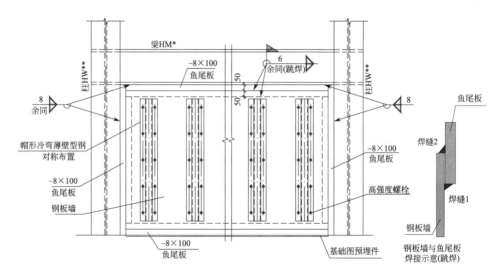

图 6.2-1　钢板剪力墙与梁和基础连接大样示意图（焊接）

不应低于钢板剪力墙的屈服强度，如果焊缝承载力允许，可采用断续焊缝。沿焊缝长度方向，焊缝 1 和焊缝 2 交替间隔焊接（跳焊）。

（5）考虑楼板附近剪力墙穿筋开孔问题时，需先满足楼板不穿筋锚固方式或者焊接到钢板剪力墙上，的确需要穿筋的可在钢板剪力墙上开孔，并按式(6.2-5)对钢板剪力墙的承载力做一定削减：

$$F = 0.9 \times \frac{L - nd}{L} F_{ym} \tag{6.2-5}$$

式中，L 为剪力墙净跨；n 为穿筋开孔数量；d 为穿筋开孔直径；F_{ym} 为约束钢板剪力墙屈服承载力；0.9 为考虑开孔后的应力集中对钢板剪力墙的不利影响。

（6）帽形冷弯薄壁型钢的加工制作应满足《钢结构设计标准》GB 50017—2017 的相关规定，单个帽形冷弯薄壁型钢安装完成后，其垂直度不应大于 $h/250$，且不应大于 15mm，避免制作安装误差过大对面板的不利影响。

（7）装饰面板与帽形冷弯薄壁型钢通过自攻螺钉进行连接，每个帽形冷弯薄壁型钢与面板沿竖向使用两排自攻螺钉，根据试验结果，在地震作用下面板会参与钢板剪力墙的抗剪，为了避免面板与帽形冷弯薄壁型钢的连接过早发生破坏，自攻螺钉沿竖向的间距不宜大于 100mm。面板的拼接宜采用上下拼接，当的确需要进行左右拼接时，拼接接头宜留在帽形冷弯薄壁型钢处，左右两片面板各通过一排自攻螺钉与帽形冷弯薄壁型钢连接。

按照建筑结构功能一体化墙体思路，面板外可贴壁纸等进行装饰装修，因此安装面板时，自攻螺钉拧至与面板齐平，然后在面板外张贴壁纸，将自攻螺钉隐藏。

（8）冷弯薄壁型钢约束钢板剪力墙包含的主要构件为边缘框架柱、鱼尾板、钢板剪力墙、帽形冷弯薄壁型钢龙骨与 OSB 板等装饰装修材料。

（9）钢板剪力墙在剪力作用下会产生拉力带以提供较大的抗剪承载力和刚度，因此钢板的拼接必须采用对接等强熔透焊。钢板剪力墙钢板拼接长度不应小于 1000mm，宽度不应小于 500mm，且单块钢板只允许一条拼接缝。钢板表面不得有凹凸不平、划痕等缺陷。若钢板剪力墙在工厂完成拼接后，尺寸过大影响运输，可采用现场焊接拼接以及帽形冷弯型钢的组装。

（10）为了提高装配化率，减少现场施工时间，钢板剪力墙和帽形冷弯薄壁型钢之间的螺栓连接在工厂完成，同时提前完成帽形冷弯薄壁型钢的安装还可以有效避免在运输和安装过程中钢板剪力墙过柔，使得钢板剪力墙的初始变形过大。

但是需要注意的是，由于帽形冷弯薄壁型钢仅沿钢板剪力墙竖向布置，因此钢板剪力墙在横向的刚度较小。因此在运输和吊装的过程中，宜临时在钢板剪力墙横向布置支撑（角钢或者槽钢等）。临时支撑与帽形冷弯薄壁型钢之间可采用自攻螺钉进行固定，自攻螺钉直径（一般可采用 M5.5）和数量不宜太大，能起到临时固定作用即可。为了避免对钢板剪力墙的截面削弱，临时支撑宜采用螺钉连接固定于帽形冷弯薄壁型钢的上翼缘，吊装横向临时支撑布置示意图如图 6.2-2 所示。

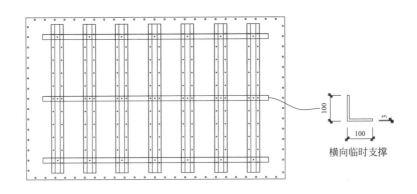

图 6.2-2　吊装横向临时支撑布置示意图

（11）剪力墙面板与柱、梁或楼地面、楼顶的详细节点连接：

结构上面板与柱、梁或楼地面、楼顶不需要进行连接，但需要适宜宽度的缝隙。为避免在多遇地震作用下，OSB 板或水泥压力纤维板与周围框架之间发生挤压和碰撞，造成 OSB 板或水泥压力纤维板破坏，因此在 OSB 板或水泥压力纤维板与框架之间需要留有一定的缝隙。根据《建筑抗震设计规范》GB 50011—2010（2016 年版）的规定，多遇地震作用下钢结构的层间位移角不宜大于 1/250，因此 OSB 板或水泥压力纤维板与框架之间的间距见式（6.2-6）：

$$l = 1/250H_0 \tag{6.2-6}$$

式中，H_0 为钢板剪力墙净高。

OSB 板或水泥压力纤维板等面板与框架之间的间距后期可采用膨胀泡沫等进行填充，填充缝隙之后再完成后续的装饰装修。

6.3　案例介绍

大足城区公共停车场建设工程国土局地块公共停车库项目位于大足区棠香街道五星大道（国土局内），建设单位为重庆大足城乡建设投资集团有限公司。本工程共 2 栋 7 层，建筑高度 17.25m，用地面积 4490m^2，总建筑面积

2318.18m²。其中，地上建筑面积 1830.53m²，地下建筑面积 487.65m²，容积率 0.408。停车数量为 145 辆，其中室内停车 110 辆，室外停车 35 辆。项目装配率 96.6%，为装配式钢结构建筑示范项目，大足立体车库概况示意图如图 6.3-1 所示。该项目采用冷弯薄壁型钢约束钢板剪力墙和中心支撑钢框架作为该项目的主要的抗侧力结构体系。通过采用冷弯薄壁型钢约束钢板剪力墙，该建筑结构具有承载力高、抗侧刚度大、延性好、抗震能力强和装配化施工的优点，且使用性能较优，保障安全性的同时又节省人工，可推广性强，工程意义较大。

图 6.3-1　大足立体车库概况示意图

6.4　设计验算过程

考虑到大足立体车库结构具有层高小、跨度大且周边框架柱的截面尺寸较小的特点，且对抗侧刚度和承载力的需求不高，因此，本项目采用上下两边连接的冷弯薄壁型钢约束钢板剪力墙结构形式。此外，该项目采用 YJK（盈建科）软件进行整体设计分析，但目前 YJK 软件尚无法准确对钢板剪力墙的屈曲后性能进行分析，通常需要在计算模型中采用交叉支撑来等效钢板剪力墙。因此，本项目先采用交叉支撑来等效钢板剪力墙在 YJK 整体模型中进行计算，然后根据设计验算结果确定合理的交叉支撑的面积，再通过抗侧刚度等效来确定两边连接冷弯薄壁型钢约束钢板剪力墙的设计参数。具体设计流程如下文所示。

6.4.1　抗侧刚度确定

交叉支撑模型受力示意图如图 6.4-1 所示。其中，CD 杆为顶端水平钢梁，当杆 CD 发生水平位移 Δ 时，杆 AD 和杆 BC 会产生一定的轴向变形和反力，最终提供一定的水平力 $F_{水平}$。根据上述的受力特征，可分析得到交叉支撑模型的相关参数：杆 AD 和杆 BC 的长度和截面尺寸都相同，呈对称布置，整个交叉支撑模型宽为 b，高为 h，在水平力作用下，交叉支撑模型发生变形后为杆 AD′和杆 BC′，如图 6.4-1（a）所示，其中水平位移 Δ 和水平力 $F_{水平}$ 的关系推导如下：

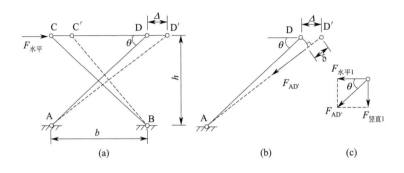

图 6.4-1 交叉支撑模型受力示意图

假定水平位移 Δ 远小于杆 AD 的长度，则∠AD′C′也等于 θ，由图 6.4-1（b）可得式（6.4-1）：

$$\delta = \Delta \cdot \cos\theta \tag{6.4-1}$$

由几何关系，杆 AD 的长度 l 为 $\sqrt{b^2+h^2}$ 可得式（6.4-2）：

$$\cos\theta = \frac{b}{\sqrt{b^2+h^2}} \tag{6.4-2}$$

那么杆 AD 的轴向应变如式（6.4-3）所示：

$$\varepsilon = \frac{\delta}{l} = \frac{\Delta \cdot \cos\theta}{l} = \frac{b}{b^2+h^2} \cdot \Delta \tag{6.4-3}$$

假定杆 AD 的截面面积和材料弹性模量分别为 A 和 E_s，则杆 AD′受到的轴力如式（6.4-4）所示：

$$F_{AD'} = E_s\varepsilon A = \frac{b}{b^2+h^2} \cdot \Delta E_s A \tag{6.4-4}$$

由图 6.4-1（c）可得式（6.4-5）、式（6.4-6）：

$$F_{水平1} = F_{AD'} \cdot \cos\theta = \frac{b^2}{(b^2+h^2)^{\frac{3}{2}}} \cdot \Delta E_s A \tag{6.4-5}$$

$$F_{竖直1} = F_{AD'} \cdot \sin\theta = \frac{bh}{(b^2+h^2)^{\frac{3}{2}}} \cdot \Delta E_s A \tag{6.4-6}$$

同理，可得杆 BC′受到的轴力如式（6.4-7）所示：

$$F_{BC'} = -E_s \varepsilon A = -\frac{b}{b^2 + h^2} \cdot \Delta E_s A \tag{6.4-7}$$

$F_{水平2}$ 与 $F_{竖直2}$ 如式(6.4-8)、式(6.4-9)所示：

$$F_{水平2} = -F_{BC'} \cdot \cos\theta = \frac{b^2}{(b^2 + h^2)^{\frac{3}{2}}} \cdot \Delta E_s A \tag{6.4-8}$$

$$F_{竖直2} = F_{BC'} \cdot \sin\theta = -\frac{bh}{(b^2 + h^2)^{\frac{3}{2}}} \cdot \Delta E_s A \tag{6.4-9}$$

综上可得式(6.4-10)、式(6.4-11)：

$$F_{水平} = F_{水平1} + F_{水平2} = \frac{2b^2}{(b^2 + h^2)^{\frac{3}{2}}} \cdot \Delta E_s A \tag{6.4-10}$$

$$F_{竖直} = F_{竖直1} + F_{竖直2} = 0 \tag{6.4-11}$$

则中心支撑层间抗侧刚度如式(6.4-12)所示：

$$K = \frac{F_{水平}}{\Delta} = \frac{2b^2}{(b^2 + h^2)^{\frac{3}{2}}} \cdot E_s A \tag{6.4-12}$$

由此可以计算得到 YJK 整体模型中采用的交叉支撑的抗侧刚度。

6.4.2 钢板剪力墙尺寸确定

由第 2 章试验结果可以得出，采用帽形冷弯薄壁型钢约束构造的钢板剪力墙与非加劲钢板剪力墙的弹性段刚度差异不大，屈服承载力相当，结构提升明显的是耗能能力。因此，本项目以非加劲钢板剪力墙作为设计计算模型，并在 YJK 中实现建模中承载力的校核计算，帽形冷弯薄壁型钢约束构造作为强度储备和耗能提升措施。

《钢板剪力墙技术规程》JGJ/T 380—2015 规定，两边连接钢板剪力墙刚度 K 按式(6.4-13)～式(6.4-15)计算：

$$K = \gamma K_0 \tag{6.4-13}$$

$$K_0 = \frac{E \cdot t_w}{1/(L_e/H_e)^3 + 2.4 \cdot (1+\nu)/(L_e/H_e)} \tag{6.4-14}$$

$$\gamma = 0.014\ln(L_e/H_e) - 0.118\ln(\lambda) + 1.24 \tag{6.4-15}$$

式中，γ 是钢板剪力墙的刚度折减系数，K_0 是钢板剪力墙的初始剪切刚度，ν 是钢材的泊松比，通常取 0.3。

令交叉支撑的刚度与两边连接钢板剪力墙刚度相等，以等刚度原则建立表达式。此时，可以先初设钢板厚度 t_w，钢板剪力墙高度 $H_e = h - h_b$（h 为层高，h_b 为主梁高），$\nu = 0.3$，则可以建立了一个关于钢板剪力墙宽度 L_e 一元四次方程，采用求根一元四次方程求根公式进行求解。计算过程如式(6.4-16)～式

（6.4-19）所示：

对于一元四次方程

$$ax^4 + bx^3 + cx^2 + dx + e = 0 \qquad (6.4\text{-}16)$$

记

$$\begin{cases} \Delta_1 = c^2 - 3bd + 12ae \\ \Delta_2 = 2c^3 - 9bcd + 27ad^2 + 27b^2e - 72ace \end{cases} \qquad (6.4\text{-}17)$$

并记

$$\Delta = \frac{\sqrt[3]{2}\,\Delta_1}{3a\sqrt[3]{\Delta_2 + \sqrt{-4\Delta_1^3 + \Delta_2^2}}} + \frac{\sqrt[3]{\Delta_2 + \sqrt{-4\Delta_1^3 + \Delta_2^2}}}{3\sqrt[3]{2}\,a} \qquad (6.4\text{-}18)$$

则有

$$\begin{cases} x_1 = -\dfrac{b}{4a} - \dfrac{1}{2}\sqrt{\dfrac{b^2}{4a^2} - \dfrac{2c}{3a} + \Delta} - \dfrac{1}{2}\sqrt{\dfrac{b^2}{2a^2} - \dfrac{4c}{3a} - \Delta - \dfrac{-\dfrac{b^3}{a^3} + \dfrac{4bc}{a^2} - \dfrac{8d}{a}}{4\sqrt{\dfrac{b^2}{4a^2} - \dfrac{2c}{3a} + \Delta}}} \\[28pt] x_2 = -\dfrac{b}{4a} - \dfrac{1}{2}\sqrt{\dfrac{b^2}{4a^2} - \dfrac{2c}{3a} + \Delta} + \dfrac{1}{2}\sqrt{\dfrac{b^2}{2a^2} - \dfrac{4c}{3a} - \Delta - \dfrac{-\dfrac{b^3}{a^3} + \dfrac{4bc}{a^2} - \dfrac{8d}{a}}{4\sqrt{\dfrac{b^2}{4a^2} - \dfrac{2c}{3a} + \Delta}}} \\[28pt] x_3 = -\dfrac{b}{4a} + \dfrac{1}{2}\sqrt{\dfrac{b^2}{4a^2} - \dfrac{2c}{3a} + \Delta} - \dfrac{1}{2}\sqrt{\dfrac{b^2}{2a^2} - \dfrac{4c}{3a} - \Delta + \dfrac{-\dfrac{b^3}{a^3} + \dfrac{4bc}{a^2} - \dfrac{8d}{a}}{4\sqrt{\dfrac{b^2}{4a^2} - \dfrac{2c}{3a} + \Delta}}} \\[28pt] x_4 = -\dfrac{b}{4a} + \dfrac{1}{2}\sqrt{\dfrac{b^2}{4a^2} - \dfrac{2c}{3a} + \Delta} + \dfrac{1}{2}\sqrt{\dfrac{b^2}{2a^2} - \dfrac{4c}{3a} - \Delta + \dfrac{-\dfrac{b^3}{a^3} + \dfrac{4bc}{a^2} - \dfrac{8d}{a}}{4\sqrt{\dfrac{b^2}{4a^2} - \dfrac{2c}{3a} + \Delta}}} \end{cases}$$

$$(6.4\text{-}19)$$

根据上述一元四次方程求根公式，选择合理的计算结果作为两边连接非加劲钢板剪力墙的初设宽度尺寸。冷弯薄壁型钢约束钢板剪力墙施工过程如图 6.4-2 所示。

图 6.4-2 冷弯薄壁型钢约束钢板剪力墙结构施工过程

图 6.4-2　冷弯薄壁型钢约束钢板剪力墙结构施工过程（续）

参 考 文 献

[1] 程文瀼，颜德姐，王成铁，等．混凝土结构［M］．北京：中国建筑工业出版社，2012.

[2] 崔佳，龙莉萍．钢结构基本原理［M］．北京：中国建筑工业出版社，2008.

[3] 郭彦林，周明．钢板剪力墙的分类及性能［J］．建筑科学与工程学报，2009，26（3）：1-13.

[4] Peter Timler, Carlos E, et al. Experimental and analytical studies of steel plate shear walls as applied to tall building［J］. Sructural Design Tall Build, 1998：233-249.

[5] 郭彦林，周明．非加劲与防屈曲钢板剪力墙性能及设计理论的研究现状［J］．建筑结构学报，2011，32（1）：1-16.

[6] 郭兰慧，李然，张素梅．薄钢板剪力墙简化分析模型［J］．工程力学，2013，30（S1）：149-153.

[7] Jeffrey W, Berman. Seismic behavior of code designed steel plate shear walls［J］. Engineering Structures, 2011, 33（1）：230-244.

[8] 陈悦，刘则渊．悄然兴起的科学知识图谱［J］．科学学研究，2005，23（2）：149-154.

[9] Chen C C. Searching for intellectual turning points：progressive knowledge domain visualization［J］. Proceedings of the National Academy of Sciences of the United States of America, 2004, 101（S1）：5303-5310.

[10] Chen C M. CiteSpace Ⅱ：Detecting and visualizing emerging trends and transient patterns in scientific literature［J］. Journal of the American Society for Information Science and Technology, 2006, 57（3）：359-377.

[11] 李杰，陈超美．CiteSpace 科技文本挖掘及可视化［M］．北京：首都经济贸易大学出版社，2017.

[12] 赵蓉英，王菊．图书馆学知识图谱分析［J］．中国图书馆学报，2011，37（2）：40-50.

[13] Chen C M, Dubin R, Kim M C. Emerging trends and new developments in regenerative medicine：a scientometric update（2000-2014）［J］. Expert Opinion on Biological Therapy, 2014, 14（9）：1295-1317.

[14] 中华人民共和国住房和城乡建设部．钢板剪力墙技术规程：JGJ/T 380—2015［S］．中国建筑工业出版社，2015.

[15] Driver R G, Kulak G L, Kennedy D J L, et al. Cyclic test of four-story steel plate shear wall［J］. Journal of Structural Engineering, 1998, 124（2）：112-120.

[16] Small H. Co - citation in the scientific literature：A new measure of the relationship between two documents［J］. Journal of the American Society for Information Sciences, 1973, 24（4）.

[17] 尹丽春．科学学引文网络的结构研究［D］．大连：大连理工大学，2006.

[18] Guo L H, Rong Q, Ma X B, Zhang S M. Behavior of steel plate shear wall connected to

frame beams only [J] . International Journal of Steel Structures, 2011, 11 (4): 467-479.

[19] Sabouri-Ghomi S, Sajjadi S R A. Experimental and theoretical studies of steel shear walls with and without stiffeners [J] . Journal of Constructional Steel Research, 2012, 75: 152-159.

[20] Choi I, Park H. Steel plate shear walls with various infill plate designs [J] . Journal of Structural Engineering, 2009, 135 (7): 785-796.

[21] Qu B, Bruneau M, Lin C, et al. Testing of full-scale two-story steel plate shear wall with reduced beam section connections and composite floors [J] . Journal of Structural Engineering, 2008, 134 (3): 364-373.

[22] Nie J G, Hu H S, Fan J S, et al. Experimental study on seismic behavior of high-strength concrete filled double-steel-plate composite walls [J] . Journal of Constructional Steel Research, 2013, 88: 206-219.

[23] Hu H S, Nie J G, Eatherton M. Deformation capacity of concrete-filled steel plate composite shear walls [J] . Journal of Constructional Steel Research, 2014, 103: 148-158.

[24] Emami F, Mofid M, Vafai A. Experimental study on cyclic behavior of trapezoidally corrugated steel shear walls [J] . Engineering Structures, 2013, 48: 750-762.

[25] 李国强, 张晓光, 沈祖炎. 钢板外包混凝土剪力墙板抗剪滞回性能试验研究 [J] . 工业建筑, 1995 (6): 32-35.

[26] 陈国栋, 郭彦林, 范珍, 等. 钢板剪力墙低周反复荷载试验研究 [J] . 建筑结构学报, 2004 (2): 19-26.

[27] 郭彦林, 董全利, 周明. 防屈曲钢板剪力墙弹性性能及混凝土盖板约束刚度研究 [J] . 建筑结构学报, 2009, 30 (1): 40-47.

[28] 郭彦林, 董全利, 周明. 防屈曲钢板剪力墙滞回性能理论与试验研究 [J] . 建筑结构学报, 2009, 30 (1): 31-39.

[29] 吕西林, 干淳洁, 王威. 内置钢板钢筋混凝土剪力墙抗震性能研究 [J] . 建筑结构学报, 2009, 30 (5): 89-96.

[30] 孙建超, 徐培福, 肖从真, 等. 钢板-混凝土组合剪力墙受剪性能试验研究 [J] . 建筑结构, 2008 (6): 1-5.

[31] 郭彦林, 陈国栋, 缪友武. 加劲钢板剪力墙弹性抗剪屈曲性能研究 [J] . 工程力学, 2006 (2): 84-91.

[32] 陈国栋, 郭彦林. 十字加劲钢板剪力墙的抗剪极限承载力 [J] . 建筑结构学报, 2004 (1): 71-78.

[33] 聂建国, 陶慕轩, 樊健生, 等. 双钢板-混凝土组合剪力墙研究新进展 [J] . 建筑结构, 2011, 41 (12): 52-60.

[34] 聂建国, 卜凡民, 樊健生. 低剪跨比双钢板-混凝土组合剪力墙抗震性能试验研究 [J] . 建筑结构学报, 2011, 32 (11): 74-81.

[35] 于金光, 郝际平. 腹板双角钢连接框架-非加劲薄钢板剪力墙抗震性能试验研究 [J] .

地震工程与工程振动，2011（5）：84-90.

[36] 王先铁，马尤苏夫.方钢管混凝土框架内置开洞钢板剪力墙的性能与设计方法［M］.北京：科学出版社，2017.

[37] Wsgner H. Flat sheet metal girder with very thin metal web.［M］Technical member committee for Aeronautics. 1931.

[38] Thorburn L J，Kulak G L，Montgomery C J. Analysis of Steel Plate Shear Walls［R］. Edmonton，Alberta：The University of Alberta，1983.

[39] ROBERTS M，SABOURI-GHOMIS. Hysteretic characteristics of unstiffened plate shear panels［J］. Thin-walled Structures，1991，12（2）：145-162.

[40] Caccese V，Elgaaly M，Chen R. Experimental Study of Thin Steel-Plate Shear Walls under Cyclic Load［J］. Journal of Structural Engineering，1993，119（2）：573-587.

[41] Driver R，Kulak G，Kennedy D，et al. Cyclic Test of Four-Story Steel Plate Shear Wall ［J］. Journal of Structural Engineering，1998，124（2）：112-120.

[42] Driver R，Kulak G，Elwi A，et al. FE and Simplified Models of Steel Plate Shear Wall ［J］. Journal of Structural Engineering，1998，124（2）：121-130.

[43] Lubell A，Prion H，Ventura C，et al. Unstiffened Steel Plate Shear Wall Performance under Cyclic Loading［J］. Journal of Structural Engineering，2000，126（4）：453-460.

[44] CSA. CSA S16-14 Design of Steel Structures［S］. Mississauga：Canadian Standards Association，2014.

[45] AISC. ANSI/AISC 341-10 Seismic Provisions for Structural Steel Buildings［S］. Chicago：American Institute of Steel Construction，2010.

[46] Elgaaly M，Liu Y. Analysis of Thin-Steel-Plate Shear Walls［J］. Journal of structural Engineering，1997，123（11）：1487-1496.

[47] Rezai M. Seismic behaviour of steel plate shear walls by shake table testing［D］. University of British Columbia，1999.

[48] Shishkin J J，Driver R G，Grondin G Y. Analysis of steel plate shear walls using the modified strip model［M］. Department of Civil and Environmental Engineering，University of Alberta，2005.

[49] Shishkin J，Driver R，Grondin G. Analysis of Steel Plate Shear Walls Using the Modified Strip Model［J］. Journal of Structural Engineering，2009，135（11）：1357-1366.

[50] 苏幼坡，刘英利，王绍杰.薄钢板剪力墙抗震性能试验研究［J］.地震工程与工程振动，2002（4）：81-84.

[51] 邵建华，顾强，申永康.钢板剪力墙抗震性能的有限元分析［J］.华南理工大学学报（自然科学版），2008（1）：128-133.

[52] 邵建华，顾强，唐柏鉴，王治均.基于抗剪承载能力设计的多层钢板剪力墙抗震性能试验研究［J］.工程力学，2015，32（4）：54-61.

[53] 王迎春，郝际平，曹春华，孙彤.栓焊混合连接钢板剪力墙试验研究［J］.建筑钢结

构进展，2009，11（1）：16-20＋37.

[54] 郭兰慧，李然，范峰，张素梅．钢管混凝土框架-钢板剪力墙结构滞回性能研究［J］．土木工程学报，2012，45（11）：69-78.

[55] 李然，郭兰慧，张素梅．钢板剪力墙滞回性能分析与简化模型［J］．天津大学学报，2010，43（10）：919-927.

[56] 郭彦林，董全利，周明．防屈曲钢板剪力墙滞回性能理论与试验研究［J］．建筑结构学报，2009，30（1）：31-39＋47.

[57] 郭彦林，周明，董全利，等．三类钢板剪力墙结构试验研究［J］．建筑结构学报，2011，32（1）：17-29

[58] Hong-Gun Park，Jae-Hyuk Kwack，et al. Framed steel plate wall behavior under cyclic lateral loading［J］. Journal of Structural Engineering，2007，133（3）：378-388.

[59] In-Rak Choi，Hong-Gun Park. Steel plate shear walls with various infill plate designs ［J］. Journal of Structural Engineering，2009，135（7）：785-796.

[60] ASTANEH-ASL A. Seismic Behavior and Design of Steel Plate Shear Walls［R］. Berkeley：University of California，2001.

[61] 陈国栋，郭彦林，范珍，韩艳．钢板剪力墙低周反复荷载试验研究［J］．建筑结构学报，2004（2）：19-26＋38.

[62] 郭彦林，陈国栋，缪友武．加劲钢板剪力墙弹性抗剪屈曲性能研究［J］．工程力，2006（2）：84-91＋59.

[63] 郝际平，于金光，王先铁，等．半刚性节点钢框架-十字加劲钢板剪力墙结构的数值分析［J］．西安建筑科技大学学报（自然科学版），2012（2）：153-158.

[64] 于金光，郝际平，宁子健，等．半刚性框架-槽钢十字形约束钢板剪力墙结构抗震性能试验研究［J］．建筑结构学报，2014（6）：75-83.

[65] Alinia M M，Sarraf Shirazi R. On the design of stiffeners in steel plate shear walls［J］. Journal of Constructional Steel Research，2009，65（10-11）：2069-2077.

[66] Hitaka T，Matsui C. Experimental study on steel shear wall with slits［J］. Journal of Structural Engineering，2003，129（5）：586-595.

[67] Kurata M，Leon R T，Desroches R，et al. Steel plate shear wall with tension-bracing for seismic rehabilitation of steel frames［J］. Journal of Constructional Steel Research，2012，71：92-103.

[68] 缪友武．两侧开缝钢板剪力墙结构性能研究［D］．北京：清华大学，2004.

[69] 郭彦林，缪友武，董全利．全加劲两侧开缝钢板剪力墙弹性屈曲研究［J］．建筑钢结构进展，2007（3）：58-62.

[70] 蒋路，陈以一，卞宗舒．足尺带缝钢板剪力墙低周往复加载试验研究Ⅱ［J］．建筑结构学报，2009，30（5）：65-71.

[71] 蒋路，陈以一，汪文辉，等．足尺带缝钢板剪力墙低周往复加载试验研究Ⅰ［J］．建筑结构学报，2009，30（5）：57-64.

[72] 马欣伯，张素梅，郭兰慧，等．两边连接钢板混凝土组合剪力墙简化分析模型［J］.

西安建筑科技大学学报（自然科学版），2009，41（3）：352-357.

[73] 马欣伯. 两边连接钢板剪力墙及组合剪力墙抗震性能研究 [D]. 哈尔滨：哈尔滨工业大学，2009.

[74] 郭兰慧，马欣伯，张素梅. 两边连接钢板混凝土组合剪力墙端部构造措施试验研究 [J]. 工程力学，2012，29（8）：150-158.

[75] 郭兰慧，马欣伯，张素梅. 两边连接开缝钢板剪力墙的试验研究 [J]. 工程力学，2012，29（3）：133-142.

[76] 王鹏，和留生. 开缝钢板剪力墙抗剪承载力分析 [J]. 建筑结构，2018，48（S2）：550-554.

[77] 兰涛. 单片开洞钢板剪力墙的结构设计理论与方法研究 [D]. 西安：西安建筑科技大学，2011.

[78] 聂建国，朱力，樊健生，等. 开洞加劲钢板剪力墙的抗侧承载力分析 [J]. 建筑结构学报，2013，34（7）：79-88.

[79] 朱力，聂建国，樊健生. 开洞钢板剪力墙的抗侧刚度分析 [J]. 工程力学，2013，30（9）：200-210.

[80] Vian D，Bruneau M，Tsai K C，et al. Special perforated steel plate shear walls with reduced beam section anchor beams. I：Experimental Investigation [J]. Journal of Structural Engineering，2009，135（3）：211-220.

[81] Vian D，Bruneau M，Purba R. Special perforated steel plate shear walls with reduced beam section anchor beams. II：Analysis and Design Recommendations [J]. Journal of Structural Engineering，2009，135（3）：221-228.

[82] Valizadeh H，Sheidaii M，Showkati H. Experimental investigation on cyclic behavior of perforated steel plate shear walls [J]. Journal of Constructional Steel Research，2012，70：308-316.

[83] Hosseinzadeh S A A，Tehranizadeh M. Introduction of stiffened large rectangular openings in steel plate shear walls [J]. Journal of Constructional Steel Research，2012，77：180-192.

[84] Sabouri-Ghomi S，Ahouri E，Sajadi R，et al. Stiffness and strength degradation of steel shear walls having an arbitrarily-located opening [J]. Journal of Constructional Steel Research，2012，79：91-100.

[85] Sabouri-Ghomi S，Mamazizi S. Experimental investigation on stiffened steel plate shear walls with two rectangular openings [J]. Thin-Walled Structures，2015，86：56-66.

[86] 李戈. 开洞钢板剪力墙的试验与理论研究 [D]. 西安：西安建筑科技大学，2008.

[87] 郝际平，曹春华，王迎春，等. 开洞薄钢板剪力墙低周反复荷载试验研究 [J]. 地震工程与工程振动，2009，29（2）：79-85.

[88] 吴笑，李启才，张萍，等. X形钢板剪力墙受力性能分析 [J]. 广西大学学报（自然科学版），2019，44（1）：85-98.

[89] Hitaka T，Matsui C. Experimental Study on Steel Shear Wall with Slits [J]. Journal of

Structural Engineering，2003，129（5）：586-595.

[90] Zhao Q，Astaneh-Asl A. Cyclic Behavior of Traditional and Innovative Composite Shear Walls [J] . Journal of Structural Engineering，2004，130（2）：271-284.

[91] 郭彦林，董全利，周明 . 防屈曲钢板剪力墙弹性性能及混凝土盖板约束刚度研究 [J] . 建筑结构学报，2009，30（1）：40-47.

[92] 郝际平，于金光，王迎春 . 一种无粘结部分屈曲约束型钢板剪力墙结构：CN2013105864 46.2 [P] . 2013-11-18.

[93] 于金光 . 半刚性框架-非加劲及屈曲约束钢板剪力墙结构抗震性能试验与理论研究 [D]. 西安：西安建筑科技大学，2013.

[94] 袁昌鲁 . 钢框架-密肋网格复合钢板剪力墙抗震性能试验研究和塑性设计方法 [D] . 西安：西安建筑科技大学，2014.

[95] 魏木旺 . 装配式四角连接防屈曲钢板剪力墙性能与设计方法 [D] . 哈尔滨：哈尔滨工业大学，2017.

[96] 金双双 . 防屈曲开斜槽钢板剪力墙及其结构抗震减振性能研究 [D] . 哈尔滨：哈尔滨工业大学，2016.

[97] 周绪红，石宇，周天华，等 . 低层冷弯薄壁型钢结构住宅体系 [J] . 建筑科学与工程学报，2005，22（2）：1-14.

[98] 刘前进，何保康，周天华，等 . 低层冷弯型钢房屋墙体立柱承载力试验研究 [J] . 钢结构，2004，19（4）：26-29.

[99] Serrette R. L，Ogunfuni K. Shear resistance of gypsum-sheathed light gauge steel stud walls [J] . Journal of Structural Engineering，1996，122（4）：386-389.

[100] Serrette R. L，Encalada J，Juadines M. Static racking behavior of plywood，OSB，gypsum，and fiberboard walls with metal framing [J] . Journal of Structural Engineering，1997，123（8）：1076-1086.

[101] 周绪红，石宇，周天华，等 . 冷弯薄壁型钢结构住宅组合墙体受剪性能研究 [J] . 建筑结构学报，2006，27（3）：42-47.

[102] 刘斌，郝际平，钟炜辉，等 . 喷涂保温材料冷弯薄壁型钢组合墙体抗震性能试验研究 [J] . 建筑结构学报，2014，35（1）：85-92.

[103] 刘云霄 . 轻钢结构墙体内填石膏基轻质材料设计与墙体受压性能研究 [D] . 西安：长安大学，2018.

[104] 周绪红，王宇航 . 我国钢结构住宅产业化发展的现状、问题与对策 [J] . 土木工程学报，2019，52（1）：1-7.

[105] 邵建华，顾强，申永康 . 钢板剪力墙抗震性能的有限元分析 [J] . 华南理工大学学报（自然科学版），2008（1）：128-133.

[106] 马欣伯，张素梅，郭兰慧 . 两边连接钢板剪力墙试验与理论研究 [J] . 天津大学学报，2010，43（8）：697-704.

[107] NAKASHIMA M，AKAWAZA T，TSUJI B. Strain-hardening Behavior of Shear Panels Made of Low-yield Steel Ⅱ：Model [J] . Journal of Structural Engineering，1995，

121（12）：1750-1757.

[108]　Bhowmick A K，Grondin G Y，Driver R G. Nonlinear seismic analysis of perforated steel plate shear walls［J］. Journal of Constructional Steel Research，2014，94（0）：103-113.

[109]　郭彦林，防屈曲耗能钢板墙：ZL2004100915473［P］. 2004-11-19.

[110]　郭彦林，周明，董全利. 防屈曲钢板剪力墙弹塑性抗剪极限承载力与滞回性能研究［J］. 工程力学，2009，26（2）：108-114.

[111]　于金光，郝际平，崔阳阳，等. 半刚性框架-防屈曲钢板墙结构的抗震性能试验研究［J］. 土木工程学报，2014（6）：18-25.

[112]　郝际平，于金光，王迎春. 一种无粘结部分屈曲约束型钢板剪力墙结构：CN201310586 446.2［P］. 2013-11-18.

[113]　郝际平，申新波，边浩，等. 密肋防屈曲钢板剪力墙低周反复荷载试验研究［J］. 地震工程与工程振动，2015（6）：114-120.

[114]　袁昌鲁，郝际平，樊春雷，等. 钢框架-密肋网格复合钢板剪力墙结构抗震性能研究［J］. 土木工程学报，2015，48（9）：1-10.

[115]　房晨，郝际平，袁昌鲁，等. 密肋框格防屈曲低屈服点钢板剪力墙抗震性能试验研究［J］. 土木工程学报，2016，49（5）：74-86.

[116]　杜鹏. 可滑移侧向约束钢板剪力墙受力性能及设计方法研究［D］. 哈尔滨：哈尔滨工业大学，2017.

[117]　中华人民共和国国家市场监督管理总局. 金属材料 拉伸试验 第1部分：室温试验方法：GB/T 228.1—2021［S］. 北京：中国标准出版社，2011.

[118]　中华人民共和国住房和城乡建设部. 建筑抗震试验规程：JGJ/T 101—2015［S］. 北京：中国建筑工业出版社，2015.

[119]　刘德华，黄超. 材料力学Ⅰ［M］. 重庆：重庆大学出版社，2010.

[120]　庄茁，由小川等. 基于ABAQUS的有限元分析和应用［M］. 北京：清华大学出版社，2016.

[121]　石永久，王萌，王元清. 结构钢材循环荷载下的本构模型研究［J］. 工程力学，2012，29（9）：92-98＋105.

[122]　陈骥. 钢结构稳定理论［M］. 北京：科学出版社，2014.

[123]　刘锋. 无粘结加劲钢板墙设计方法研究［D］. 北京：清华大学，2013.

[124]　中华人民共和国住房和城乡建设部. 高层民用建筑钢结构技术规程：JGJ 99—2015［S］. 北京：中国建筑工业出版社，2015.

[125]　中华人民共和国住房和城乡建设部. 钢结构设计标准：GB 50017—2017［S］. 北京：中国建筑工业出版社，2018.

[126]　Yigit O，Patricia M. Clayton. Strip model for steel plate shear walls with beam-connected web plates［J］. Engineering Structures，2017，136：369-379.

[127]　Shishkin J J，Driver R G，Grondin G Y. Analysis of steel plate shear walls using the modified strip model［J］. Journal of Structural Engineering，2009，135（11）：

1357-1366.

[128] Tan J K，Gu C W，Su M N，Wang Y H，et al. Finite element modelling and design of steel plate shear wall buckling-restrained by hat-section cold-formed steel members［J］. Journal of Constructional Steel Research，2020，174：106274.

[129] Wang Y H，Guo C W，Tang Q，et al. Experimental study on cyclic pure shear behaviour of hat-section coldformed steel member buckling-restrained steel plate shear walls without effect of frame［J］. Engineering Structures，2019，201：109799.

[130] 古朝伟. 帽形冷弯薄壁型钢屈曲约束钢板剪力墙结构受力性能与设计方法研究［D］. 重庆：重庆大学，2019.

[131] 汪大绥，陆道渊，等. 天津津塔结构设计［J］. 建筑结构学报，2009，32（S1）：1-7.

[132] Berman J W，Celik O C，Bruneau M. Comparing hysteretic behavior of light-gauge steel plate shear walls and braced frames［J］. Engineering Structures，2005，27（3）：475-485.

[133] 郭彦林，周明. 非加劲与防屈曲钢板剪力墙性能及设计理论的研究现状［J］. 建筑结构学报，2011，32（1）：1-16.

[134] Berman J W. Seismic behavior of code designed steel plate shear walls［J］. Engineering Structures，2011，33（1）：230-244.

[135] Thorburn L J，Kulak G L，et al. Analysis of steel plate shear walls［R］. Structural Engineering Report No. 107，Department of Civil Engineering，University of Alberta，Canada：1983.

[136] Roberts T M，Sabouri-Ghomi S. Hysteretic characteristics of unstiffened plate shear panels［J］. Thin-Walled Structures，1991，12（2）：145-162.

[137] Roberts T M，Sabouri-Ghomi S. Hysteretic characteristics of unstiffened perforated steel plate shear panels［J］. Thin-Walled Structures，1992，14（2）：139-151.

[138] Roberts T M，Sabouri-Ghomi S. Nonlinear dynamic analysis of steel plate shear walls including shear and bending deformations［J］. Engineering Structures，1992，14（5）：309-317.

[139] Elgaaly M，Caccese V，Du C. Postbuckling behavior of steel-plate shear walls under cyclic loads［J］. Journal of Structural Engineering，1993，119（2）：588-605.

[140] Caccese V，Elgaaly M，Chen R. Experimental study of thin steel-plate shear walls under cyclic load［J］. Journal of Structural Engineering，1993，119（2）：573-587.

[141] Elgaaly M，Liu Y B. Analysis of thin-steel-plate shear walls［J］. Journal of Structural Engineering-ASCE，1997，123（11）：1487-1496.

[142] Lubell A S，Prion H，Ventura C E，et al. Unstiffened steel plate shear wall performance under cyclic loading［J］. Journal of Structural Engineering-ASCE，2000，126（4）：453-460.

[143] Berman J W，Bruneau M. Plastic analysis and design of steel plate shear walls［J］.

Journal of Structural Engineering，2003，129（11）：1448-1456.

[144] Sabouri-Ghomi S，Ventura C E，Kharrazi M H. Shear analysis and design of ductile steel plate walls [J]. Journal of Structural Engineering，2005，131（6）：878-889.

[145] Kharrazi M H K，Prion H G L，Ventura C E. Implementation of M-PFI method in design of steel plate walls [J]. Journal of Constructional Steel Research，2008，64（4）：465-479.

[146] Choi I R，Park H G. Hysteresis model of thin infill plate for cyclic nonlinear analysis of steel plate shear walls [J]. Journal of Structural Engineering，2010，136（11）：1423-1434.

[147] 邵建华，顾强，申永康. 多层钢板剪力墙水平荷载作用下结构性能的有限元分析 [J]. 工程力学，2008（6）：140-145.

[148] 邵建华，顾强，申永康. 钢板剪力墙抗震性能的有限元分析 [J]. 华南理工大学学报（自然科学版），2008（1）：128-133.

[149] 邵建华，顾强，申永康. 基于等效拉杆模型的钢板剪力墙有限元分析 [J]. 武汉理工大学学报，2008，30（1）：75-78.

[150] 聂建国，黄远，田淑明，等. 高层钢板剪力墙结构底部加强层抗震性能分析 [J]. 地震工程与工程振动，2008，28（6）：163-171.

[151] 王迎春，郝际平，曹春华，等. 栓焊混合连接钢板剪力墙试验研究 [J]. 建筑钢结构进展，2009，11（1）：16-20.

[152] 曹万林，李刚，张建伟，等. 钢管混凝土边框不同高厚比钢板剪力墙抗震性能 [J]. 北京工业大学学报，2010，36（8）：1059-1068.

[153] 李然. 钢板剪力墙与组合剪力墙滞回性能研究 [D]. 哈尔滨：哈尔滨工业大学，2011.

[154] 郭兰慧，李然，范峰，等. 钢管混凝土框架-钢板剪力墙结构滞回性能研究 [J]. 土木工程学报，2012，45（11）：69-78.

[155] 王先铁，马尤苏夫，郝际平，等. 钢板剪力墙边缘构件的计算方法研究 [J]. 工程力学，2014，31（8）：175-182.

[156] Takahashi Y，Takemoto Y，Takeda T，et al. Experimental study on thin steel shear walls and particular bracings under alternative horizontal load [J]. British Journal of Anaesthesia，1973（10）：185-191.

[157] Alinia M M，Dastfan M. Cyclic behavior deformability and rigidity of stiffened steel shear panels [J]. Journal of Constructional Steel Research，2007，63（4）：554-563.

[158] Alavi E，Nateghi F. Experimental study on diagonally stiffened steel plate shear walls with central perforation [J]. Journal of Constructional Steel Research，2013，89：9-20.

[159] Sigariyazd M A，Joghataie A，Attari N K A. Analysis and design recommendations for diagonally stiffened steel plate shear walls [J]. Thin-Walled Structures，2016，103：72-80.

[160] 曹春华，郝际平，杨丽，等.钢板剪力墙弹塑性分析[J].建筑结构，2007（10）：53-56.

[161] 王迎春，郝际平，李峰，等.钢板剪力墙力学性能研究[J].西安建筑科技大学学报（自然科学版），2007（2）：181-186.

[162] 王先铁，白连平，王连坤，等.方钢管混凝土框架-十字加劲薄钢板剪力墙的力学性能研究[J].地震工程与工程振动，2013，33（2）：103-109.

[163] 杨雨青，牟在根.不同形式的槽钢加劲钢板剪力墙滞回性能研究[J].天津大学学报（自然科学与工程技术版），2019，52（8）：876-888.

[164] 于金光，贺迪，郝际平，等.十字加劲放置形式对钢板剪力墙性能的影响[J].华中科技大学学报（自然科学版），2019，47（3）：121-126.

[165] 汪大绥，陆道渊，黄良，等.天津津塔结构设计[J].建筑结构学报，2009，30（S1）：1-7.

[166] 周绪红，邹昱瑄，徐磊，等.冷弯薄壁型钢-钢板剪力墙抗震性能试验研究[J].建筑结构学报，2020，41（5）：65-75.

[167] 王宇航，古朝伟，唐琦，等.纯剪荷载作用下帽形冷弯薄壁型钢屈曲约束钢板墙元的抗震性能试验研究[J].建筑结构学报，2020，41（6）：49-57，64.

[168] ANSI/AISC 341-10：Seismic Provisions for Structural Steel Buildings[S].Chicago（IL）：AISC；2010.

[169] 周明.非加劲与防屈曲钢板剪力墙结构设计方法研究[D].北京：清华大学，2009.

[170] 马尤苏夫.方钢管混凝土框架-开洞钢板剪力墙抗震性能研究[D].西安：西安建筑科技大学，2014.

[171] 唐九如.钢筋混凝土框架节点抗震[M].南京：东南大学出版社，1989.

[172] Tao Z，Wang Z，Yu Q.Finite element modelling of concrete-filled steel stub columns under axial compression[J].Journal of Constructional Steel Research，2013，89：121-131.

[173] Papanikolaou V K，Kappos A J.Confinement-sensitive plasticity constitutive model for concrete in triaxial compression[J].International Journal of Solids and Structures，2007，44（21）：7021-7048.

[174] ACI 318M-05：Building Code Requirements for Structural Concrete and Commentary[S].Farmington Hills，MI：American Concrete Institute，2005.

[175] Tan J K，Wang Y H，Su M N，et al.Compressive behaviour of built-up hot-rolled steel hollow and composite sections[J].Engineering Structures，2019，198：109528.

[176] CEB-FIP MC90：CEB-FIP Model Code 1990[S].Lausanne：International Federation for Structural Concrete，1993.

[177] Wagner H.Flat sheet metal girders with very thin metal web，part I — General theories and assumptions[R].Washington：National Advisory Committee for Aeronautics，1931：NO.604.

[178] Wagner H.Flat sheet metal girders with very thin metal webs，part II-Sheet metal

girders with spars resistant to bending-oblique uprights-Stiffness [R] . Washington: National Advisory Committee for Aeronautics, 1931: NO. 605.

[179] Wagner H. Flat sheet metal girders with very thin metal webs, part Ⅲ-Sheet metal girders with spars resistant to bending-the stress in uprights-diagonal tension fields [R]. Washington: National Advisory Committee for Aeronautics, 1931: NO. 606.

[180] Kuhn P, Peterson J P, et al. A summary of diagonal tension, Part 1-Methods of analysis [R] . National Advisory Committee for Aeronautics, Technical note 1952: 2661-2662.

[181] CAN/CSA S16-09. Limit states design of steel structures [S] . Willow dale, Ont. , Canada: Canadian Standards Association, 2009.

[182] 中华人民共和国住房和城乡建设部. 钢管混凝土结构技术规范: GB 50936—2014 [S] . 北京: 中国建筑工业出版社, 2014.

[183] Tian W F, Hao J P, Fan C L. Analysis of thin steel plate shear walls using the three-strip model [J] . Journal of Structural Engineering, 2016.

[184] Shishkin J J, Driver R G, Grondin G Y. Analysis of steel plate shear walls using the modified strip model [R] . Structural Engineering Report No. 261, Department of Civil Engineering, University of Alberta, Canada: 2005.

[185] Gomes A, Appleton J. Nonlinear cyclic stress-strain relationship of reinforcing bars including buckling [J] . Engineering Structures, 1997, 19 (10): 822-826.

[186] 刘锋. 无粘结加劲钢板剪力墙设计方法研究 [D] . 北京: 清华大学, 2013.